跟天文学家去观星

毛竹 著

武汉出版社

（鄂）新登字 08 号

图书在版编目（CIP）数据

跟天文学家去观星 / 毛竹著. — 武汉 : 武汉出版社, 2024.3
（江城科普读库）
ISBN 978-7-5582-5847-3

Ⅰ.①跟… Ⅱ.①毛… Ⅲ.①天文观测—普及读物 Ⅳ.①P12-49

中国国家版本馆CIP数据核字（2023）第054384号

著　　者：毛　竹
责任编辑：刘从康
封面设计：黄彦301工作室
出　　版：武汉出版社
社　　址：武汉市江岸区兴业路136号　　　邮　　编：430014
电　　话：(027)85606403　　85600625
http://www.whcbs.com　　E-mail: whcbszbs@163.com
印　　刷：湖北金港彩印有限公司　　　经　　销：新华书店
开　　本：787 mm × 1092 mm　　1/32
印　　张：3. 75　　　字　　数：80千字
版　　次：2024年3月第1版　　2024年3月第1次印刷
定　　价：42. 00元

《江城科普读库》编委会

Contents | 目录

跟天文学家去观星

上篇

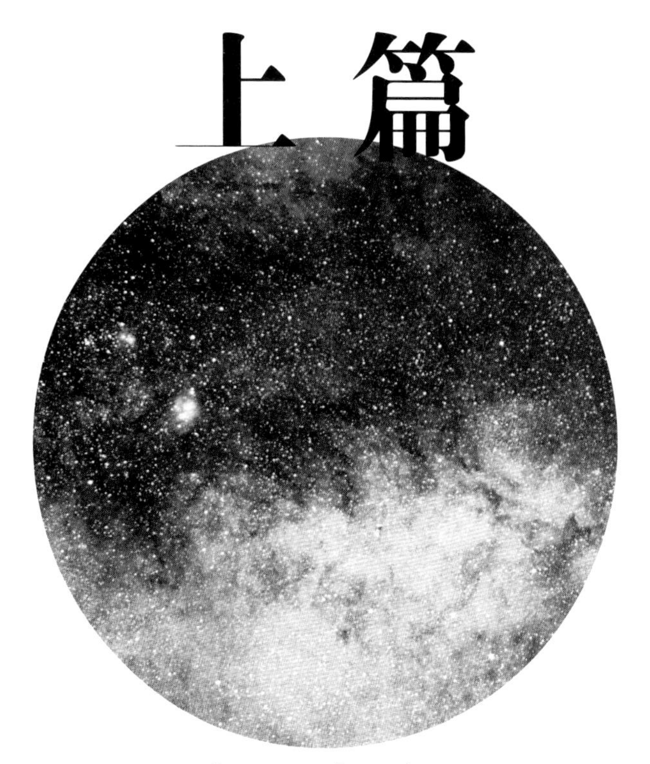

夜星初探

YEXING CHUTAN

1.1 市内肉眼观星

□ 光污染

一千八百多年前，曹操东临沧海，目睹日月星辰连成一片的壮观景象，感叹“日月之行，若出其中；星汉灿烂，若出其里”；一千两百多年前，杜甫夜泊长江，又写下“星垂平野阔，月涌大江流”的名句。夜空中的点点繁星和飘渺的银河曾带给古人无尽的遐想。无数诗人仰望星空，写下了美丽的诗句。但在今天，从小生活在城市里的人们，却很难体会到曹操、杜甫等诗人面对璀璨星空时的激动心情了，这主要是因为城市现代化带来的光污染。在入夜的城市中，不管是居民家中的照明灯、大小道路两旁的路灯还是繁华商圈五光十色的霓虹灯和直射天空的LED射灯，都使夜间天空亮度远超古时，即使是和几十年前比都强了不少。这些灯光在照亮黑夜给人们的生活带来便利的同时，也带来了光污染。光污染对于自然环境的影响是多方面的，其中之一，就是使人们很难再看到满天的繁星。

根据夜空的黑暗程度，光污染的强度可以分为九个等级。1～3级光污染通常指在完全没有人工光源的旷野中，伸手难见五指的情况。城市的郊区常处于4～6级的光污染下：在这里的夜晚，已经能够明显地看到夜空被远处城市的灯光照亮，靠近地平线的天空笼罩在灰白色的微光里，头顶的云层也因

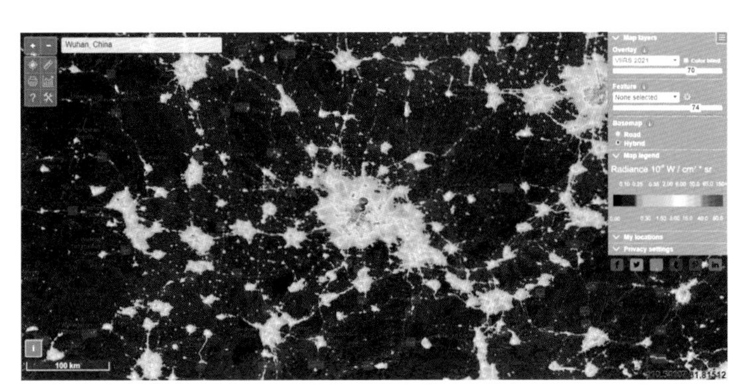

武汉地区光污染地图　2021 年

被来自下方的光线照亮而清晰可见。到了喧闹繁华的市区，7～9级光污染下的天幕已经很难被称为“夜空”了，抬头仰望，通常只能看到月亮和寥寥数颗亮星，甚至可以靠天空中云的反射光来读书看报。在市区生活的人们对这一点应该是深有体会的。

为了更直观地了解光污染的分布情况，科学家们还利用卫星照片制作了光污染地图。从上图中可以看到，用红色表示的光污染最为严重的地区，一般都位于大小城市的中心。那么，居住在城市中的我们就真的再也看不到天空中的星星了吗？当然不是！我们在仰望夜空时能否看见星星（特别是裸眼直接看）不仅受光污染程度的影响，还要看低空云层和空气中雾霾等污染物的情况。我们抬头看见的夜空之所以变得那么明亮，主要还是因为云层和空气中悬浮的颗粒状污染物反射、散射了照向空中的灯光。当遇到晴朗无云的天气，空气又因大雨或冷锋过境等原因变得特别干净的时候，尽管我们无法关闭城市中的灯光，但还是能够在市区的夜空中看到不少星星。

下图分别展示了市中心和郊区晴朗夜空下能看到的星空。以北斗七星为例，在市区只能隐约看到七颗星，而在郊区则能看到更多的暗星。不管是市中心还是市郊，照片中都能看到光污染的影响，但只要仔细观察，看到上百颗星还是不成问题的。（说明：市郊拍摄照片时镜头前加有柔焦镜，目的是把亮星凸显出来，以便辨认星座。市区光污染严重，即使加柔焦镜效果也不好。）

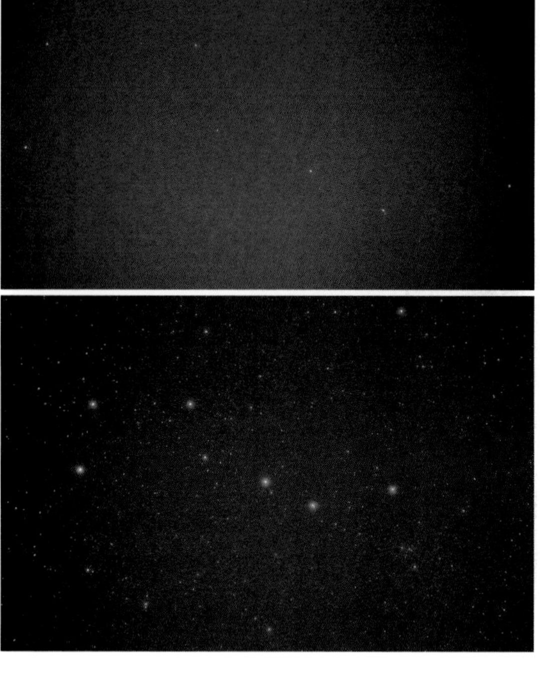

1 北斗七星 2022年3月9日摄于湖北大学
2 北斗七星 2011年11月25日摄于木兰山

1/2

1 猎户座 2021 年 11 月 9 日摄于湖北大学

2 猎户座 摄于大崎山森林公园

恒星和行星

我们通常把夜空中的点状发光体称为“星星”。太阳出现于白昼，月亮看起来似一个圆盘，所以一般认为它们都不属于“星星”的行列。古人认为日月星辰的运行代表着上天的意志，所以对它们有着持续的关注。经过长年累月地观察，人们发现太阳和月亮在天空中的运行有自己的周期，而星星按照其视运动的规律也可以分为两类：其中一类在每年相同的时间，都会出现在天空中几乎相同的地方，相互之间的相对位置也几乎没有变化，因为看起来位置“恒定”，所以称其为“恒星”；另一类在每年相同的时间，在天空中的位置并不固定，看起来似乎是在恒星之间游走徘徊，便称其为“行星”。古代人们很早就发现了金、木、水、火、土五颗行星，虽然这五颗行星的亮度在一年中的不同时候会发生变化，但通常比绝大部分的恒星都要亮，所以很容易观察到。后来，随着望远镜的发明和天文观测技术的进步，天文学家们逐渐清楚了这些天体的本质，了解了它们运行规律的原因，对“恒星”和“行星”重新进行了定义：“恒星”是能够自己发光发热的天体，太阳是离我们最近的恒星；“行星”则是围绕恒星运转、本身不发光的天体，我们能看到它们是因为它们反射了中心恒星的光线。在行星的周围，通常还有一些较小的天体围绕行星旋转，则称为“卫星”。卫星像行星一样不会发光，也是靠反射恒星发出的光线而被观测到的。月亮是地球唯一的卫星，有些较大的行星则有多达几十颗卫星。

我们在夜空中能看到的恒星离我们都非常遥远，行星则是位于太阳系内、围绕太阳旋转的。太阳系内的行星又可以分为大行星、小行星和矮行星三类。大行星一共有8颗，除了地球和金、木、水、火、土五星，还有肉眼勉强能看到的天王星和离地球最远、需要通过望远镜才能观察到的海王星。小行星和矮行星由于太暗，肉眼一般无法看见。太阳系中体积最大的矮行星是冥王星，它曾被认为是一颗大行星。

仰望夜空，除了恒星和行星，我们还可以看到彗星、星云和星系。彗星起源于太阳系边缘，当它们受到扰动脱离原来的运行轨道而进入太阳系内部时，便成了我们通常所说的彗星，但其中用肉眼可以直接看到的大彗星并不多。星云和星系距离地球非常遥远，肉眼可见的只有猎户座大星云、仙女座星系和大小麦哲伦星系。它们和太阳、月亮一样是有视面的天体，但看起来亮度一般比恒星还要暗得多。即使在天气条件良好的情况下，肉眼看到的也只是一个模糊的乳白色光斑。

1.2 认星好帮手——星图

历史上的星图

对于像北斗七星、猎户座这类图案特征鲜明的星官和星座，初学者很容易就能自己进行辨识。但是对于我们在天空中看到的大多数星星而言，如何认识、辨别它们是初学者最大的困难。这时，最好的“帮手”就是星图。

星图，是星空观测的形象记录，是人们辨认星星和描述它们之间位置关系的重要工具。传统意义上的星图指的是纸质星图。现存最早的纸质“星图”出现在公元前 4 到前 3 世纪古希腊诗人阿拉图斯（Aratus）的诗作《现象》（Phaenomena）中。在几乎同一时期，中国战国时代的齐国人甘德、魏国人石申的著作《天文》《天文星占》等书中，也有对恒星的命名和绘图，只是原著早已失传。现在中国流传下来的古代星空划分见于由三国时期的吴国太史令陈卓融合甘德、石申以及更早期的商代巫咸的占星著作，形成的全天 283 个星官、1464 颗恒星的系统，称为“甘、石、巫三家星”。公元 2 世纪时的古希腊天文学家托勒密是古希腊天文学的集大成者，他在自己的著作《至大论》（又名《天文学大成》）中将天空划分为 48 个星座，共包含 1022 颗恒星。在西方，托勒密的星空体系对后世影响深远。

1 《现象》中出现的双鱼座

2 15 世纪复原的托勒密星图

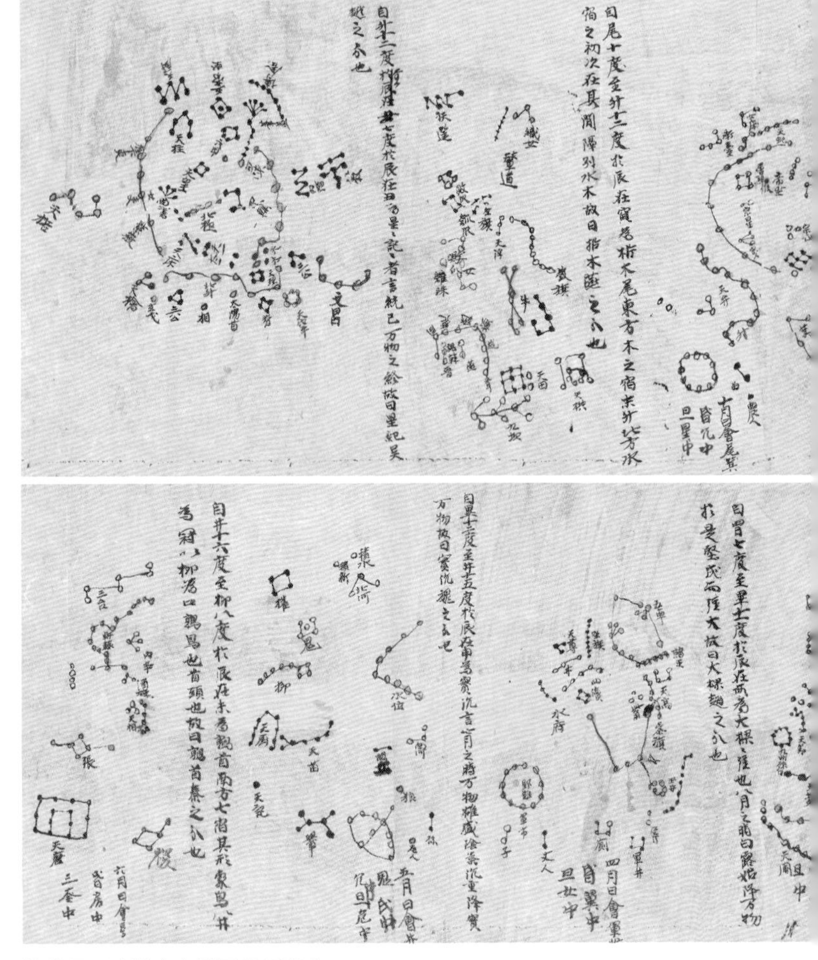

敦煌星图（甲本）横图星图部分

自柳九度至張十七度於辰在午爲鶉火南方爲大言五月之時陽氣始
盛大星皆中七星朱鳥之處故曰鶉火周之分也

自張六度至軫一度於辰在巳爲鶉尾南方朱鳥七宿以軫爲尾
故曰鶉尾楚之分也

八月日會角 昏牛中 旦觜中

自軫十二度於辰壽星三月之時萬物始達於地春氣布養各盡其
性物不羅夭故曰壽星鄭之分也

古已上合氣象有卅八條臣習考有驗故錄之也未曾占考不敢
輒倫入此卷臣不揆庸宜是敢緡愚情擬而錄之具如前件謹
陳階庭弥加戰越死罪死罪謹言

十一月日會女虛 昏奎婁中 旦氐中

自女八度至危十五度於辰在子爲玄枵玄者黑北方之色枵者耗也十一月
之時陽氣下降陰氣上昇萬物幽死未有生者天地空虛故曰玄枵齊之分也

正月日會營室 昏參中 旦尾中

自危十六度至奎四度於辰在亥爲諏訾諏訾者歎歎衛之分也

二月日會奎 昏於畢中 旦牛中

自奎五度至胃六度於辰在戌戌爲降婁魯之分也

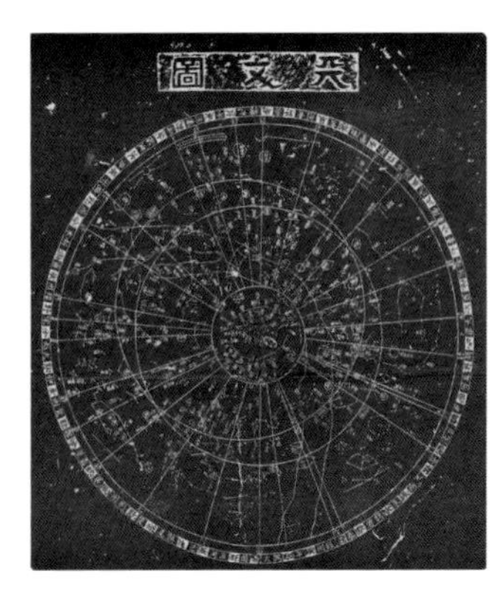

苏州石刻南宋天文图

早期的星图偏重于绘画的艺术性，星星、星座间位置关系的精度和星图绘制方法的科学性不如后期制作的星图。出自敦煌莫高窟藏经洞的敦煌星图大约绘制于公元 705 至 710 年间的唐中宗时期，被英国著名科技史学家李约瑟称为是“现存最早的科学星图”。原立于苏州文庙内的石刻天文图是世界上现存最古老的根据实测绘制的全天星图之一。该碑石刻于南宋淳祐七年（公元 1247 年），原图是由南宋官员、制图学家黄裳根据北宋元丰年间（公元 1078—1085 年）的观测结果绘制的。黄裳绘制星图时使用的是以北天极为中心的极地平面投影法，这种投影法是我国古代天文学家绘制星图所用的典型方法，其缺点是在低纬度地区会出现图像投影失真变形。1569 年荷兰地图学家墨卡托创立了墨卡托投影法，广泛用于绘制航海图和航空图。利用墨卡托投影法绘制低纬度地区星图可以很好地避免极地平面投影带来的失真问题，敦煌星图中的横图（低纬度天区）采用的投影方法和这种方法是一致的。

纸质星图推荐

在今天，我们要认识天空中的星星，可以借助三类适用于不同程度爱好者的纸质星图。第一类是活动星图，是由两块有着共同轴心，可转动的盘面组成的。上盘面上镂出圆形的窗口，转动时可以显示一年中不同时间可以看见的星星。这类星图与南宋石刻星图类似，幅面比南宋石刻星图更小。借助这类星图可以快速地识别观测地天区范围内的主要星座，缺点是精度较低、星数较少，适用于初学者的肉眼观测。第二类是以肉眼能看到的最暗星为标准的星图，包含的恒星数量一般在 6000 至 8000 颗左右。这类星图中比较有代表性的是由北京天文馆审定的《新编全天星图》及英国的《诺顿星图手册》。《诺顿星图手册》是最经典、最著名的星图手册之一，最早的版本出版于 1910 年，原作者是英国教师亚瑟·菲利普·诺顿。第三类是为发烧友准备的比较专业的星图，这类星图收入的星数众多，有些甚至包含了 13 等星，将整个天空分成了 500 ~ 600 个小区域。这类星图通常可以从网上下载。对于一般爱好者，第一、第二类星图就足以满足日常观测的需求了。

第一、二类星图推荐

电子星图

随着智能手机技术的发展，电子星图成为越来越多爱好者认识星空的第一选择。相对于纸质星图，电子星图使用起来更加方便。现在的智能手机一般都自带定位和陀螺仪功能，可以非常方便地探知手机所在的地理位置和空间朝向。所以只要在手机上安装好电子星图软件，打开软件后将手机镜头指向所要观察的星空，屏幕上就会显示对应天区的星图，并且还可以随意放大和缩小，这大大降低了初学者辨识恒星的门槛。比如我们在晚上看到天空中的一颗亮星，但是不知道它的名字。这时只要掏出手机，打开星图软件将镜头对准这颗星星，屏幕上很快就会显示出它的名称。手机电子星图还更方便初学者认识行星，因为行星一般不会在纸质版的星图中标出来。“Stellarium（虚拟天文馆）”和“Sky Guide-3D 星座星图指南”分别是常用于安卓系统手机和苹果手机的两款星图软件。

Stellarium 电子星图手机版界面

1.3 夜空引路者——亮星

虽然手机上的电子星图可以方便地帮助我们认星，但是手机也会有没信号或定位不准的时候。真要和天上的星星成为熟悉的“朋友”，还是需要靠自己的记忆力去认识一些星星。这时，我们首先要关注的就是亮星。

□星等

在天空中，越亮的星星越是引人注目。古希腊天文学家喜帕恰斯（又译为“依巴谷”）第一个把肉眼勉强能看到的恒星按照亮度划分为 6 个等级。最亮的为一等星，在星图中用大圆圈表示；亮度依次递减的为二至六等星，在星图中用依次减小的圆圈表示。后期托勒密的天文学理论有很大一部分就是建立在喜帕恰斯理论的基础上的。现代恒星测光结果表明，一等星的亮度比六等星亮了大约 100 倍，即每差一个星等，星星的亮度约相差 2.5 倍。按照这种关系，比一等星更亮的星星，它们的星等用负数来表示。比如天空中最亮的恒星天狼星，它的星等约为 −1.4 等。

□恒星的命名

对于天空中较亮的恒星，人们一般都给它们起了专有的名字，中国古代和西方都是如此。例如中国古人所说的天狼星，在西方传统中名叫 Sirius，来源于希腊语。当希腊文明在欧洲衰落下去之后，阿拉伯人继承了古希腊的天文学知识，所以现在还有很多亮星的名字来源于阿拉伯语，例如毕宿五的西方传统名称 Aldebaran，意思是“追随者”。

为了沟通交流的方便，在现代的星图中，标注恒星名通常采用“拜耳恒星命名法”。德国天文学家拜耳（J.Bayer）在他发表于 1603 年的《测天图》中，用星座名加希腊字母的方法来表示恒星。一般情况下，字母 α 表示该星座中最亮的恒星，β 次之并依次类推。1712 年，英国天文学家、格林尼治天文台的创建人弗拉姆斯蒂德提出，在 24 个希腊字母用完之后，用数字继续命名星座中的恒星，次序不再按照亮度而是按照从西向东的方向进行。所以天空中的一等亮星一般都有三个以上的名字，如天狼星又叫 Sirius、大犬座 α；毕宿五又叫 Aldebaran、金牛座 α。

全天亮星表

序号	名称	视星等	所属星座	颜色	距离（光年）
1	天狼星	−1.46	大犬座	蓝白色	8.6
2	老人星	−0.72	船底座	白色	310
3	南门二	−0.27	半人马座	黄色	4.4
4	大角星	−0.04	牧夫座	橙色	37
5	织女星	0.03	天琴座	蓝白色	25

序号	名称	视星等	所属星座	颜色	距离（光年）
6	五车二	0.08	御夫座	黄色	43
7	参宿七	0.12	猎户座	蓝白色	860
8	南河三	0.38	小犬座	白色	11
9	参宿四	0.5	猎户座	红色	500
10	水委一	0.46	波江座	蓝白色	140
11	马腹一	0.61	半人马座	蓝白色	390
12	牛郎星	0.77	天鹰座	蓝白色	17
13	十字架二	0.8	南十字座	蓝白色	320
14	毕宿五	0.85	金牛座	橙色	67
15	角宿一	0.97	室女座	蓝白色	250
16	心宿二	0.96	天蝎座	红色	550
17	北河三	1.14	双子座	橙色	34
18	北落师门	1.16	南鱼座	蓝白色	25
19	天津四	1.25	天鹅座	蓝白色	1420
20	十字架三	1.25	南十字座	蓝白色	280
21	轩辕十四	1.35	狮子座	蓝白色	79

全天一等以上的亮星一共只有 21 颗，这个数字听起来是不是很少？加上地理位置的原因，很靠近南天的马腹一、南门二、十字架二、十字架三这 4 颗星在北半球中纬度

地区（如武汉）是不可见的，所以我们通常最多只能看到17 颗一等星。这样一来，是不是很有信心去认识天空中的亮星？这的确不是什么难事，即使是在市中心的光污染下也能做到。

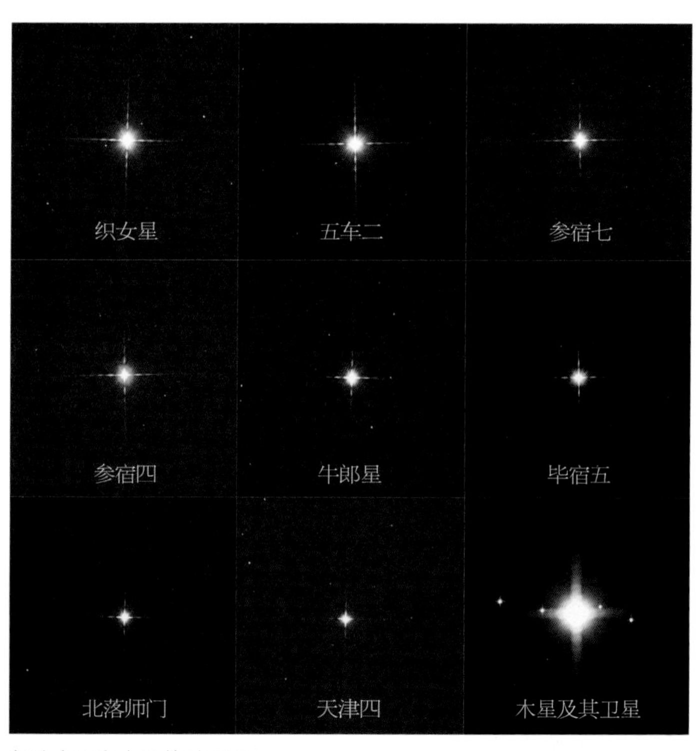

部分亮星和木星的对照图

1.4 夜空规划——星座

中西星座历史

古代人为了把天上的星星数清楚，对星空进行了划分和命名。西方星座的源头是美索不达米亚平原的两河文明。早在公元前 3000 年，苏美尔人就开始对星空进行划分和命名，到公元前 1000 年左右，迦勒底人又对其进行了完善，当时大约已命名了 30 多个星座，其中就包含我们比较熟悉的黄道 12 星座的原型（早期苏美尔人划分的是黄道 17 星座）。巴比伦文明的这套星空划分体系随后传到古埃及，结合了古埃及的一些文化特征后，大约在公元前 4 世纪传到古希腊。公元 2 世纪时，由古希腊天文学家托勒密发展总结成 48 个星座。这 48 个星座是古巴比伦、古埃及和古希腊星空文化融合的结果，也是现代天文学中星座的原型。由于地理位置的原因，托勒密无法看到南天部分的星空，到了麦哲伦环球航海时，人们才逐渐认识了南天的星空。17 ~ 18 世纪时期，巴耶尔、赫维留、拉卡伊等天文学家陆续为南天的星座进行了命名。由于这一时期的星座命名没有统一的标准，带有天文学家的个人喜好，全天的星座数量一度达到了一百多个。1930 年，国际天文学联合会统一了当时繁杂的星座划分，像画地图一样用精确的边界线把全天空划分为 88 个星座。其中托勒密的 48 个星座

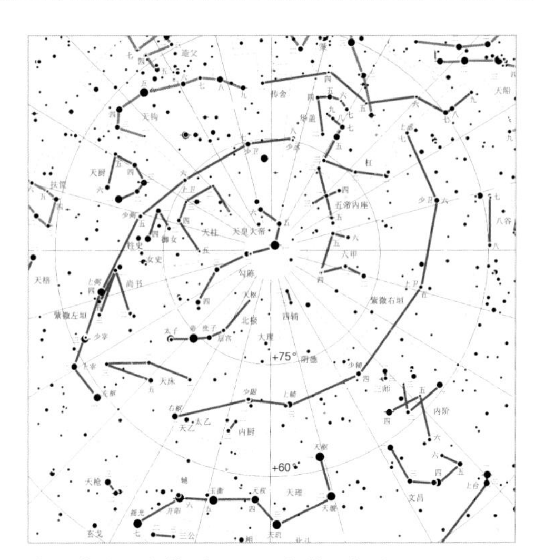

中国古代星空体系星图，紫微垣部分

被完全保留下来，删除了后来天文学家对相同天区重复命名的一些星座。

中国古代星座的起源可以追溯到 6000 年前。在河南濮阳西水坡 45 号墓葬出土的蚌塑星宿图（大约公元前 4000 年），可以说是中国古代最早出现的星座，即“北斗”“青龙”和“白虎”的原型。最迟到战国时期，中国古代天文学就已经形成了四象二十八宿的星空体系，湖北随州曾侯乙墓中出土的绘有二十八宿的漆木箱盖就充分证明了这一点。古人所说的四象二十八宿分别是东方青龙，对应角、亢、氐、房、心、尾、箕七宿；北方玄武，对应斗、牛、女、虚、危、室、壁七宿；西方白虎，对应奎、娄、胃、昴、毕、觜、参七宿；

南方朱雀，对应井、鬼、柳、星、张、翼、轸七宿。三国时期，吴国人陈卓在四象二十八宿的基础上又划分了 283 个星官；隋唐时期，又加入了紫微垣、太微垣和天市垣的命名，这样就形成了三垣四象二十八宿，包含 283 个星官的星空划分体系。这一星空体系一直沿用到清朝都没有大的变化，只是在明清时期受西方传教士的影响，又加入了南天的一些星座。

寻找北斗七星

古代在北纬 30 度以北的地方，北斗七星在恒显星圈以内，一年四季不会落到地平线以下，因此更容易引起古代天文学家的关注。现在由于岁差的原因，在北纬 30 度左右的地区，北斗七星已不在恒显星圈之内。但即便如此，北斗七星也是初学者最容易辨认的星群之一。

北斗七星和大熊座

在西方的现代星座中，北斗七星只是大熊座的一部分；而在中国古代的星空体系中，北斗七星则是非常重要的一个星官。在中国古代有“斗建”之说。先秦古籍中,《鹖冠子·环流》中说：“斗柄东指，天下皆春；斗柄南指，天下皆夏；斗柄西指，天下皆秋；斗柄北指，天下皆冬。”《大戴礼记·夏小正》中说 “正月……斗柄悬在下”“六月：初昏，斗柄正在上”，均是指在黄昏时观看北斗七星斗柄的指向。北斗七星，是中国古人观星授时重要的天文观测对象。

由于地球公转的原因，在春夏秋冬四个季节的相同时间，如晚上 8 点钟左右，在天空中看到的是不同的星座，这就是所谓“四季星空”的由来。一般来说，所谓春季星座，是指在春季的晚上 8 至 9 点时在空中位置最高，并不是说入夏后就完全看不见了。初夏时的傍晚，仍可以在西边的低空看到春季星座，只是随着入夜，它们很快就落到地平线下消失了。同样，在春季的下半夜也可以看到夏季星座从东方的地平线上慢慢升起。北斗七星所在的大熊座属于春季星座，所以要认识北斗七星，只需要在春季的上半夜，在北方的天空中寻找就可以看到。

□ 典型春季星座与亮星

沿北斗七星的勺柄画一条弧线直到天顶，可以看到牧夫座中的一等星——大角星；再沿此弧线继续向南，还可以看到室女座的一等星——角宿一。将大角星和角宿一连线，沿连线的中垂线方向向西寻找，就可以找到狮子座，狮子座中的一等星是轩辕十四。在春季星座中，我们可以看到全天 21 颗亮星中的 3 颗。

1
2
3

1 牧夫座和北冕座，最亮的星即大角星

2 室女座，最亮的星即角宿一

3 狮子座，最亮的星即轩辕十四

□ 典型夏季星座与亮星

夏季的傍晚，在我们的头顶高悬着三颗非常亮的一等星：牛郎星、织女星和天津四，这三颗亮星一起构成了所谓的“夏季大三角”。从天顶往南，还可以看到人马座和天蝎座，其中天蝎座中有一颗一等星——心宿二。牛郎星、织女星、天津四和心宿二，是我们在夏季星座中能看到的 4 颗一等星。此外，我们在夏季看到的银河，是银河系中心比较亮的部分。趁此机会，我们可以到野外寻找合适的地方，观赏璀璨的银河。

夏季大三角：牛郎星（右） 织女星（左上） 天津四（左下）

1/2

1 天蝎座，其中最亮的即心宿二（右中红色）

2 人马座

□ 典型秋季星座与亮星

秋季星空的标志，是位于天顶的飞马座秋季四边形及北方 M（或 W）形的仙后座。理论上，在秋季星座中我们可以看到 21 颗亮星中的 2 颗，即南方低空中的一等星北落师门和仅高出地平线（以武汉地区的纬度为准）约 5 度的一等星水委一。水委一的位置太接近地平线，受雾霾和光污染的影响，在市区内是看不到的。想看到它，需要到海拔较高的山顶，在南方的地平线附近寻找。

仙后座

1
2
3

1 秋季四边形　飞马座

2 北落师门（右上）

3 水委一（中心最亮星）

典型冬季星座与亮星

冬季的星空亮星璀璨，典型的有北方的五车5星（五车为中国古代183星官之一，分属西方星座中的御夫座和金牛座）、南方的猎户座、天顶的金牛座和双子座，以及由猎户座中的参宿四、天狼星和南河三组成的冬季大三角，南方低空透明度很好的情况下还可以看到老人星。冬季星空中可以看到8颗一等星：天狼星、五车二、南河三、参宿四、参宿七、毕宿五、北河三、老人星。

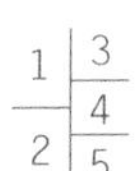

1 冬季大三角和猎户座　参宿四（右中黄色）天狼星（左下）南河三（左上）

2 南极老人星，左下角最亮的那颗

3 御夫座，最亮星即五车二

4 双子座，最亮星分别为北河二（左上）北河三（左下）

5 金牛座，中间最亮的黄色星即毕宿五，上方为昴星团

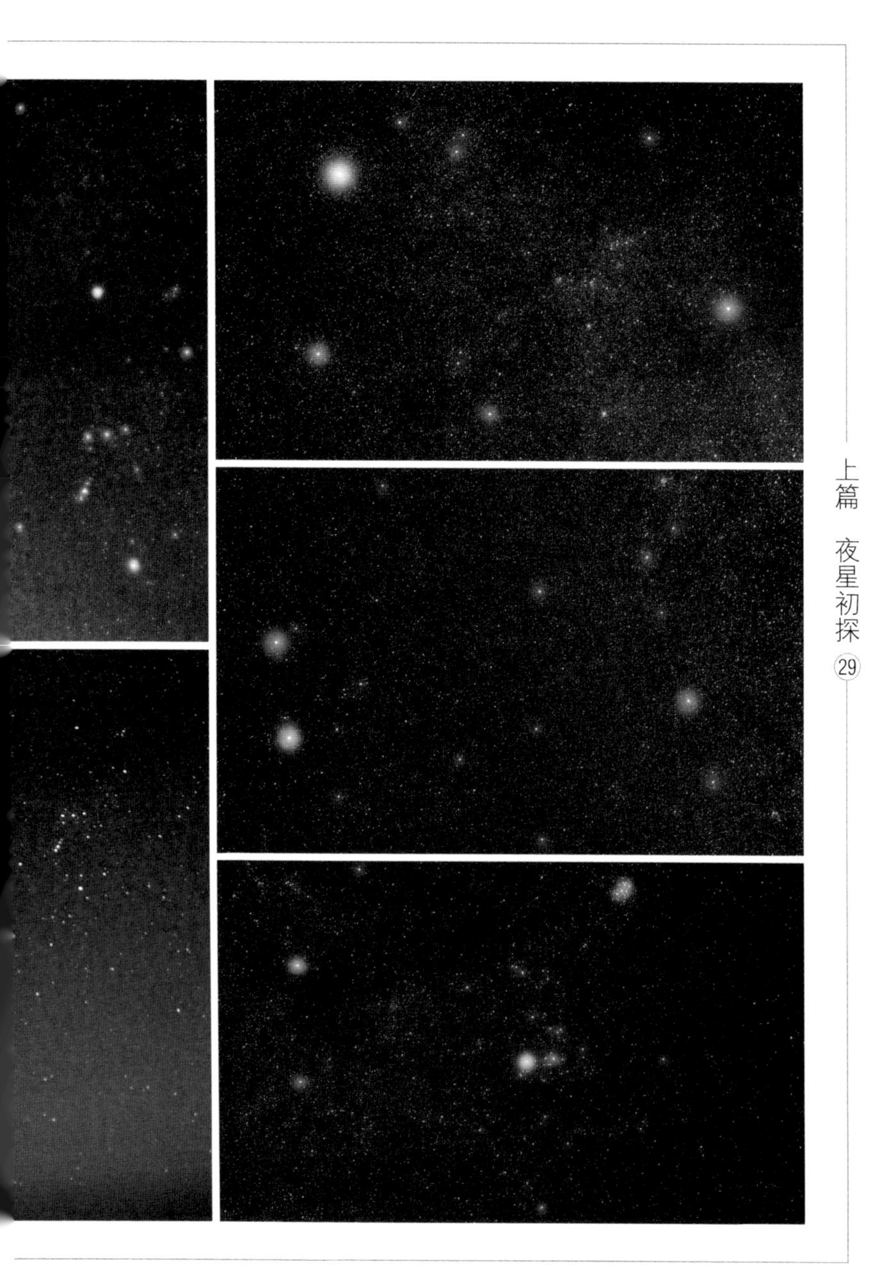

1.5 斗转星移——北极星和天球

寻找北极星

在晴朗的夜空下，古今中外的人们仰望璀璨的星空，都会产生无数的遐想。小时候大人们会告诉我们，北边的天上有颗北极星，有着特殊意义。于是长大后看到天上的星星就会想：“这是不是北极星啊，你看它那么亮，还一闪一闪的！”

很多观星手册中会介绍寻找北极星的方法，常用的有两种：第一种是通过北天极附近容易辨认的星群，主要是仙后座和北斗七星作为参考来找；第二种是先通过指南针确定正北方向，再结合当地的纬度确定北极星的高度角来找。这两种方法虽然可以在天空中找到北极星，但都没有直观地反映出北极星在星空中的特殊意义。要了解北极星在星空中的特殊意义，不妨先来看一下北面天空的星轨照片。

星轨是恒星在照片中留下的“运动轨迹”。我们可以看出，星轨呈一段段的圆弧，每一段圆弧就代表着一颗恒星。这些弧线虽然长短位置不同，但却围绕着一个共同的圆心。而几乎就在这个圆心的位置上，可以看到一颗亮星，这就是北极星。这种星轨照片的拍摄并不是很难，初学者就可以做到，在附录中会做介绍。

北极星在星空中的特殊意义，就是它指示着天极的位置。

北极方向星轨，中心不动亮点即北极星

我们在地面上看到的恒星运动，其实是由地球自转造成的，是恒星的“视运动”。从星轨照片中我们可以看到，星空中恒星的视运动几乎是围绕着同一个圆心点进行的。这个圆心点称为“天极”，其实是地球自转轴在天球上的投影。恒星的视运动规律通过一夜或几个小时的细心观察就能发现，星轨照片不过是从观测者固定的视角出发，累计拍摄几小时的星空，把这种规律形象地记录下来罢了。即使不用拍照，只要你持续地盯着天上的星星看一段时间，所有位置有明显移动的肯定都不是北极星，而位置几乎一直不动的那一颗星就是北极星了。

1/2

1 面向东面的星轨，星空上升

2 面向南面的星轨

天极既然是地球自转轴在天球上的投影，自然有北极方向的北天极和南极方向的南天极，只不过身处北半球的观测者看不到南天极，身处南半球的观测者看不到北天极罢了。当我们面向南方星空拍摄星轨照片时，会发现靠近南方地平线的星星好像在绕着另一个看不见的圆心旋转，这个圆心就是南天极。同样，当我们面向东方或西方星空拍摄星轨照片时，会感觉星空在上升或下降，也是恒星围绕天极视运动的表现。

□ 天球概念的由来

对于日月星辰的视运动现象古人早有认识，但由于缺乏可靠的观测手段来测量天体间的距离，人们用肉眼能观察到的天体视运动，其实只是星星相对地平面的高度角和方位角的变化而已。

基于肉眼观察到的天体视运动，从公元前 4 世纪开始，古希腊的天文学家和哲学家就认为：地球是一个静止悬浮的小球，位于一个包裹在地球外面的更大球体——天球的几何中心。天球绕通过天球球心（也是地球球心）的轴转动，约一昼夜旋转一周。星星镶嵌在天球的球壳上，随天球旋转一起绕地球运动。这个巨大的旋转球层模型可以解释绝大部分古代肉眼观测的结果，即使是在现代的大部分航海或测量手册中，也会在开头说明："出于目前的用途，我们要假设地球是一个静止的小球体，它的中心与一个大得多的旋转着的恒星天球的中心一致。"在中国，东汉时期张衡所著的《灵宪》和《浑仪图注》中也都明确提出了天球的概念，这是古代"浑天说"宇宙观的核心，只不过中国古代一般都是把大地当做圆盘而非球体罢了。以浑天说为理论基础，张衡完善了浑天仪。浑天仪是浑象和浑仪的总称。浑象就是一个刻画或镶嵌着星星的圆球和一些圆环，类似天球仪；浑仪则是测量星星坐标位置的观测工具，由多个嵌套的圆环和窥管组成。所谓窥管是一种细的空心直管，具有类似瞄准器的功能。

基于天球的概念可以制作天球仪。天球仪的中心是代表地球的静止不动的小球，外层是一个透明球壳，上面画着星座（星宿）、赤道圈、黄道圈、恒显星圈、恒隐星圈等。天球仪的视角是从外向内的，这和我们在地球上的观察相反。使用天球仪时，根据当前时间转动天球到相应位置，即可展示这一时间能看到的一些天象。

一个精密而有实用价值的天球仪或星图，上面所标示的恒星位置肯定不能靠简单的肉眼观测确定，而是需要一定测量数据的。古人无法测定恒星离地球和恒星之间的距离，但借助天球的概念，可以方便地测量恒星间的角距离。这样一来，再结合一些天球上的基准点和基准线圈，如天极、黄极、赤道圈、黄道圈等，就可以准确地描绘恒星在天球上的位置了。

测量恒星角距离的测量工具，原理上和在纸面上测量角度的量角器是一样的。古希腊天文学家喜帕恰斯被誉为“方位天文学之父”，是测量恒星角距离方面的行家，这和他自己制作的较高精度的恒星角距离测量工具——角尺，是分不开的。喜帕恰斯使用的角尺呈“十”字形，又称为十字杆测角仪。这种测角仪是在一根长杆上垂直安装若干根可以滑动的短杆组成的。短杆由近及远依次加长。实际观测时，用不同位置的短杆两端分别指向两颗恒星，就可以由短杆和中心长杆所组成的三角形计算出两颗恒星的夹角（即两颗恒星的角距离）。这种十字杆测角仪虽然精度比不上后期出现的大型象限仪或纪限仪，但是非常方便随身携带。

历史上的北极星

北极星居于天球北极附近，好似群星“环绕”中的一位王者。但是，这个夜空中的王座却并非某一颗星星的专属，而是像历史长河中的王朝更替一样，有不同的星星轮番登场。

在中国古史传说中的五帝时代（距今约4000—5000年），悬在北天极几乎不动的“极星”是今天的天龙座 α 星，中文叫做“右枢”。在同时代的古埃及，法老王和他的祭祀们同样也有着对极星的崇拜。在著名的胡夫金字塔中，安放法老王的墓室里就建造了能观察到极星（右枢）的孔道（截面尺寸约23cm×22cm），希望法老王的灵魂由此升天成为永恒之主。

右枢（天龙座 α）和勾陈一（小熊座 α）

遗憾的是，现在从法老王墓中通过孔道观察，已经看不到当年的极星了。这是因为在漫长的历史时期中，如果从地面的固定观测点看，天上恒星相对于天极的位置其实也是在缓慢移动的。我们现在所看到的北极星（勾陈一）已经不是五千年前的北极星（右枢）了。最早发现这一现象的是公元前 2 世纪的古希腊天文学家喜帕恰斯。他利用自己发明的测量工具，观测绘制了一份有 1022 颗星的星表。在将这份星表和 150 年前天文学家的测量结果比较时，喜帕恰斯发现自己所测量的恒星的黄经普遍比 150 年前的增加了约 1.5°。经过分析和研究，喜帕恰斯确定这并不是观测误差，而是一种天文现象，即天球上的春分点每年会沿黄道向西后退，每 100 年西退约 1°（现代测量值约为 1.4°），称为“岁差”。大约 500 年后，中国东晋天文学家虞喜也发现了这一现象。虞喜的发现之所以晚了这么多年，是因为中国古代的天文测量是以天极为中心的赤道坐标系统，而西方用的则是以太阳为准的黄道坐标系统。用黄道坐标系测量时更容易发现岁差的存在。

岁差的文字定义对于没有做过专业测量的普通人来说还是比较抽象的，我们可以借助前面所说的天球来理解。可以简单地认为，岁差即天极的移动，是由于携带着恒星的天球层的移动，即天球层的旋转中心发生了移动。形象地说，就好比是一枚旋转着的陀螺，在旋转的同时还会摇晃。现代的天文学研究告诉我们天球层其实只是人们的假想，所以岁差产生的真正原因是地球自转轴的移动（进动），而地球自转轴的移动是地球受到月球引力影响的结果。

下篇

镜里追星

JINGLI ZHUIXING

2.1 天文望远镜

望远镜的发明

肉眼能看到的天体十分有限，借助望远镜，我们才能看到更加深邃的星空。在市区的光污染环境下，即使只是一台简单的双筒望远镜，也能让我们看到许多肉眼无法分辨的星星。

望远镜的发明得益于玻璃制造技术的进步。早期用来做眼镜的玻璃是茶色的，透明度很差，并不适合制作望远镜。约 14 世纪，改进后的玻璃变得比较透明，达到了制作镜片的要求。荷兰的眼镜制造商汉斯·利佩希被认为是第一个发明望远镜的人，他在 1608 年申请了望远镜的发明专利。利佩希把他的望远镜称为“looker”，现在看来，其实就是一个放大倍数约为 3 倍的观剧镜。利佩希望远镜的发明细节现在已经不得而知，一种说法是眼镜店里的小孩拿着两片眼镜片玩，一个镜片在前一个镜片在后，看到店外的海报有在眼前的感觉，利佩希听到后受到启发发明的；另一种说法是利佩希剽窃了他的学徒或合作者的想法。

用两片眼镜片真的能做成一个望远镜吗？我们不妨做做下面的实验。眼镜片有两种，一种是近视镜片（凹透镜），一种是老花镜片（凸透镜）。未经切割装框的眼镜片一般都是直径 6 厘米的圆形，可以直接一前一后拿在手上观看，也可以安装到可以伸缩的镜筒（如装薯片的圆形纸筒）里。那么怎么选择合适的镜片呢？眼镜片的度数和焦距是有个换算关系的：100 度的眼镜片焦距约为 1 米，200 度的约为 0.5 米，400 度的约为 0.25 米。靠近眼睛一侧的叫目镜，用凹透镜；朝向物体一侧的叫物镜，用凸透镜。如果用 100 度的老花镜当物镜，400 度的近视镜当目镜，组合在一起就是 400/100=4 倍的望远镜；镜筒的长度是物镜的焦距减去目镜的焦距，即 1 米减 0.25 米，等于 0.75 米。这个镜筒的长度算是比较长了，使用起来不太方便。比较好的组合是物镜用 200 度的老花镜，目镜用 400 度的近视镜，这样镜筒长就是 0.25 米左右，放大倍率是 2 倍。

□ 天文望远镜发展小历史

和利佩希制作望远镜的方法基本一样，上面实验里使用的是现成的眼镜片，制成的望远镜放大倍率只有 2 ~ 4 倍。今天人们常用于观鸟等活动的手持双筒望远镜，其放大倍数都有 8 ~ 10 倍。要把利佩希式的望远镜用于观星，显然是不够的。

利佩希发明的望远镜起初只是被当做新奇的玩具，但这个消息很快传到了伽利略的耳朵里。伽利略敏锐地看到了这个发明中潜藏的意义，立刻对其进行了分析和改造，使其放大倍率达到了 30 多倍。这对于观测月球表面的细节、发现木星的卫星和金星的相位等，已经足够了。

在他于 1610 年出版的《恒星的使者》一书里，伽利略写道：大约 10 个月以前，我听到消息说，一个荷兰人发明了一种仪器，用它可以观察远处的物体，就像近在眼前一样清楚。这使我思考起来，我怎样也能制造一架这样的仪器。根据光学的定律，我把两个透镜固定在一根筒管的两端，一个是平凸透镜，另一个是平凹透镜。当我把眼睛凑近平凹透镜时，看到的物体真的被放大和拉近了。和肉眼观察相比，物体好像拉近到了实际距离的三分之一处，大小也变大到 9 倍。随后我又制作了一架放大约 60 倍的望远镜。最后我不惜工本，制作了放大能力约 1000 倍的望远镜，能将物体拉近到实际距离的三十分之一处。（伽利略这里所说的放大倍数应当是指物体的面积放大率，是现代望远镜“视角放大率”的平方。所以按照现在的算法，伽利略的这三台望远镜放大率分别应为 3 倍、8 倍和 30 倍。）

前面我们说到，望远镜的放大倍率可以用物镜焦距和目镜焦距的比值计算。100 度的老花镜镜片焦距约为 1 米，已经是比较长的了。要达到 30 倍的放大率，作为目镜的近视镜镜片焦距应为 $\frac{1000}{30}$mm，约 33.33mm，相当于 3000 度的近视眼镜，这显然已经超出了一般眼镜的使用范围。伽利略应该是自己磨制镜片来制作他的 30 倍望远镜的。

伽利略式望远镜的主要缺点在于随着倍率的增加，视场急剧减小、边缘成像质量和观察舒适度都较差。1611 年，开普勒提出把目镜的凹透镜换成一个同样焦距的凸透镜，这就是我们现在使用的开普勒式天文望远镜的原理。现在，只有在观剧镜或星座镜这些低倍率的望远镜中还在使用伽利略式望远镜的结构了。

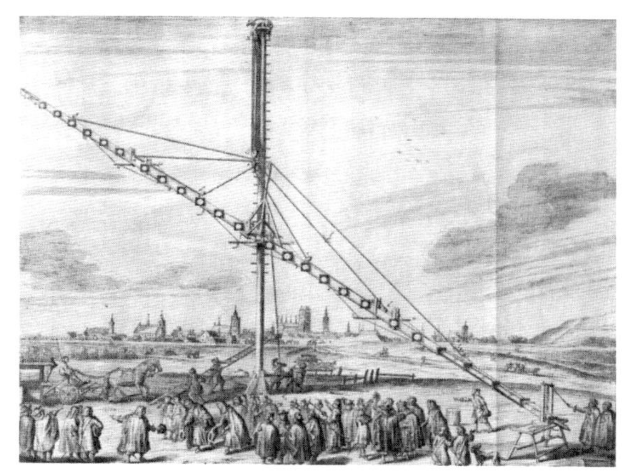

赫维留的超长望远镜

在伽利略和开普勒之后，单镜片的折射式望远镜开始暴露出其固有的一个重要缺点——色差。我们知道自然光由不同频率和波长的色光组成，色差可以简单地理解成不同颜色的光线经过透镜后汇聚到了不同的位置。当我们用一个焦距较短的凸透镜做成像实验时，总能看到像的边缘有彩色的光边，这就是一种色差现象。为了克服色差，一种简单的方法是使用焦距很大的单透镜，制作镜筒很长的望远镜。这样一来光线的折射程度较小，不同色光汇聚的位置就会靠近一些。波兰天文学家约翰·赫维留就曾制造过长度超过 45 米的超长望远镜。

单靠增加望远镜的长度来消除色差显然不现实，还有一种办法是利用两种不同材料的玻璃磨制两个镜片，然后组合起来拼成一个物镜，这种镜片称为消色差物镜。消色差物镜对于肉眼观测已经有比较好的效果了，如果还想进一步降低

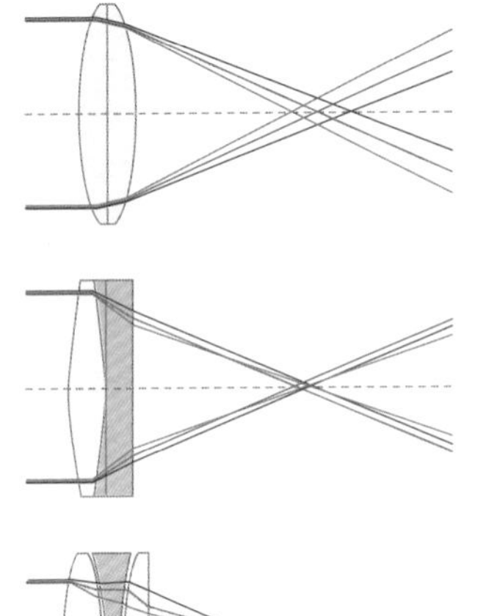

单镜片物镜的折射光路

双镜片消色差物镜的折射光路

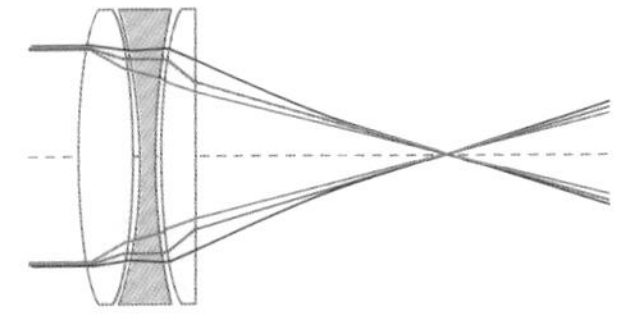

三镜片复消色差物镜的折射光路

色差达到摄影的要求，就需要使用低色散（ED）材料玻璃和三片式的结构，这样的物镜称为复消色差（APO）物镜。

折射式望远镜的另一个难题是制作大口径的物镜。目前世界上最大的折射式望远镜位于美国叶凯士天文台，口径约为 1.02 米，镜筒长 19 米。这架望远镜建成于 1897 年。折射式望远镜的物镜是安放在镜筒前端的。在镜片自重的压力下，镜筒会慢慢变形，时间长了也会影响观测的精度。

牛顿很早就发现白光是由不同色光合成的，这使得他认为，折射式望远镜的色差是无法完全消除的。1668 年，牛顿另辟蹊径，制成了第一架反射式望远镜，现在一般称为牛顿式反射望远镜。

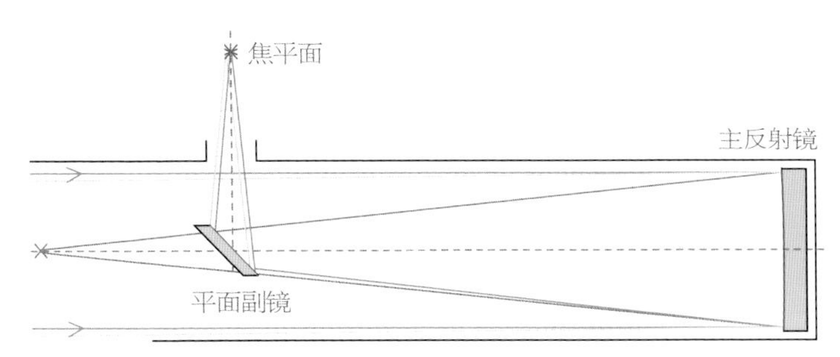

牛顿式反射望远镜光路图

由于借助反射光线成像，不同颜色的光线反射路径相同，所以没有色差的问题。相比于玻璃的透镜，反射镜可以做得很大。如图所示，在牛顿式反射望远镜中，光线由凹面镜的主反射镜汇聚，经平面镜的第二反射镜改变方向，最终成像在镜筒的侧面。主反射镜的理想面型是抛物面，因为平行光经抛物面反射可以汇聚到一点。牛顿尝试把一块镜用合金磨制成抛物面，但是没有成功，迫不得已改成了球面凹面镜。球面镜并不能理想地把平行光汇聚到一点（即所谓的球面像差），而是只能形成一个弥散的光斑，成像效果不如抛物面。

早期的反射镜并不是我们现在常见的玻璃镜子，而是用金属（镜用合金）磨成的。金属镜面的最大问题是容易氧化，必须经常抛光来提高反射率，这使得金属凹面镜的有效口径大打折扣。但是即便如此，最大的金属镜面反射式望远镜“列维亚森”（又称“大海怪”）的口径还是达到了 1.84 米，比最大的折射式望远镜要大很多。这架望远镜是在 1845 年，由爱尔兰天文学家威廉·帕森斯建造的。

1835年，德国化学家李比希发明了化学镀银法，反射镜又迎来了新的发展契机。镜用合金换成了玻璃镜坯，玻璃镜坯打磨成型且抛光后镀银。随着真空镀铝的技术发展，现代的反射望远镜基本都是在镀铝膜的基础上（比银的反射率高），再加镀一层防止氧化的透明保护膜。现在，天文台里的大型望远镜使用的都是这种玻璃反射镜。如1908年建成的1.5米海尔望远镜、1917年建成的2.5米胡克望远镜、1948年建成的5米海尔望远镜等。现在能造出的单镜面反射式望远镜的镜片最大直径约为8.4米。1993年建成的凯克一号望远镜的口径达到了10米，它的主反射镜是由很多小的镜面通过计算机控制拼起来的。

另一种反射式望远镜是卡塞格林望远镜，1672年由卡塞格林发明。卡塞格林望远镜和牛顿式反射望远镜一样，有两块反射镜，不同的是卡塞格林望远镜的副镜位于镜筒轴线上，也是一块凹面镜。光线经过副镜二次汇聚后，通过主镜中央的孔，成像于镜筒后方。这样一来，卡塞格林望远镜的观测方式就和折射式望远镜一样了。主镜后面的焦点称为卡塞格林焦点。卡塞格林望远镜的主镜和副镜可以使用不同的面型，从而衍生出多种不同类型的卡式望远镜。

第三大类望远镜是结合了折射与反射光学系统的折反式望远镜，光线先经过一片非球面的波浪形矫正透镜，再经主反射镜聚焦。首先发明这种望远镜的是德国人施密特，他在1938年制作了第一部折反式望远镜。早期的施密特望远镜是纯为照相设计的，焦点在镜筒内部，不能目视观测。拍照时把底片放到镜筒内的焦点处即可成像。将施密特镜和卡塞格林镜结合，就成了现在常见的施密特—卡塞格林望远镜，简称施卡镜。施

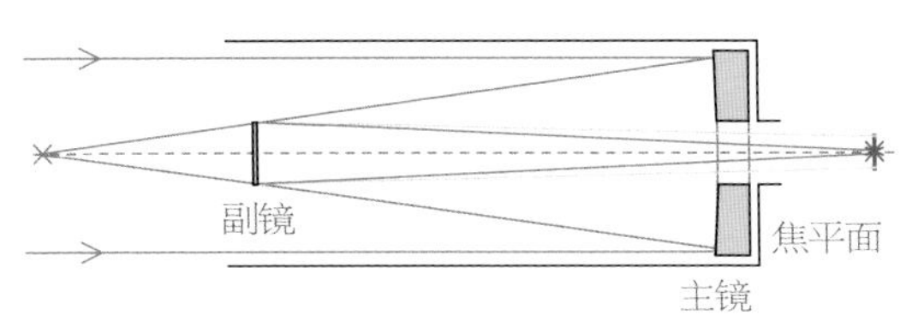

卡塞格林望远镜光路图

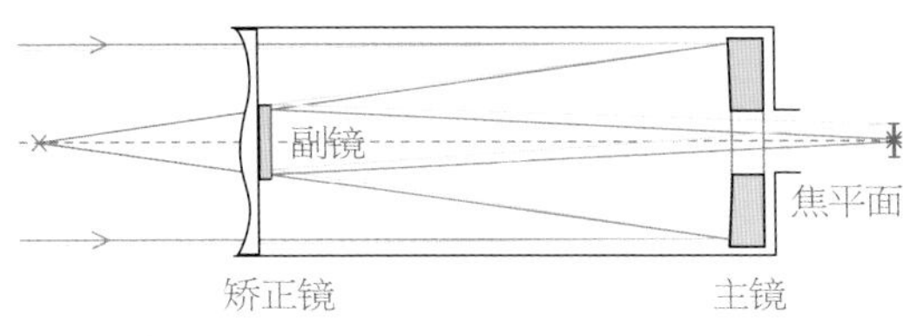

施密特—卡塞格林望远镜光路图

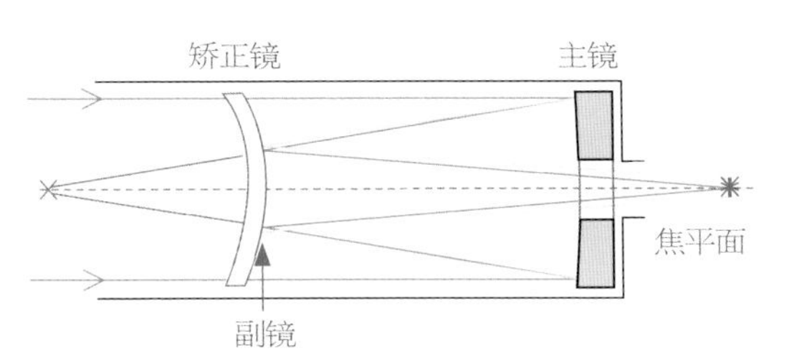

马克斯托夫—卡塞格林望远镜光路图

卡镜在主镜中心开孔，并在矫正透镜上安装副镜，可在卡塞格林焦点上进行目视观测。1943 年，俄罗斯的马克斯托夫发明了另一种折反式望远镜。矫正透镜为一片两面同曲率的弯月形透镜，主镜为球面反射镜并在中心开孔，光线经主镜反射后再经副镜反射回主镜中央开孔处聚焦成像，称为马克斯托夫—卡塞格林望远镜，简称马卡镜。施卡镜和马卡镜是我们现在能买到的天文望远镜中最常见的类型。

2.2 望远镜下的太阳和月亮

用望远镜能看太阳吗？能看到什么？

用天文望远镜观测太阳时必须在望远镜上加装专业的减光设备，否则会导致眼睛受伤甚至失明。常用的减光设备有专用的太阳膜（如巴德公司生产的“巴德膜”）和赫歇尔棱镜。

赫歇尔棱镜

巴德膜

巴德膜是一种铝制的减光薄膜，和厨房用的铝箔纸很像，使用时安装在望远镜的前端，对于所有类型的望远镜都适用。巴德膜按照密度不同可分为 5.0 和 3.8 两种，5.0 的巴德膜减光率较高，适合目视观察；3.8 的巴德膜减光率较低，适合摄影时使用。须要注意的是，3.8 的巴德膜不足以保护眼睛不受日光伤害，如果你搞不清楚手里的巴德膜是 5.0 的还是 3.8 的，最好在目镜上再加装一个可以旋转的偏振减光镜。

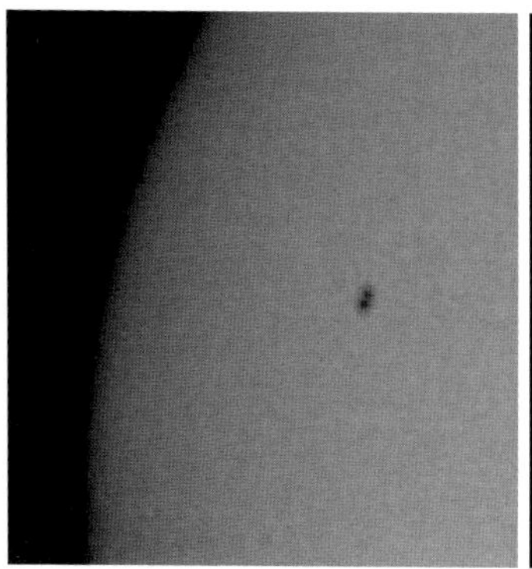

巴德膜下的太阳黑子

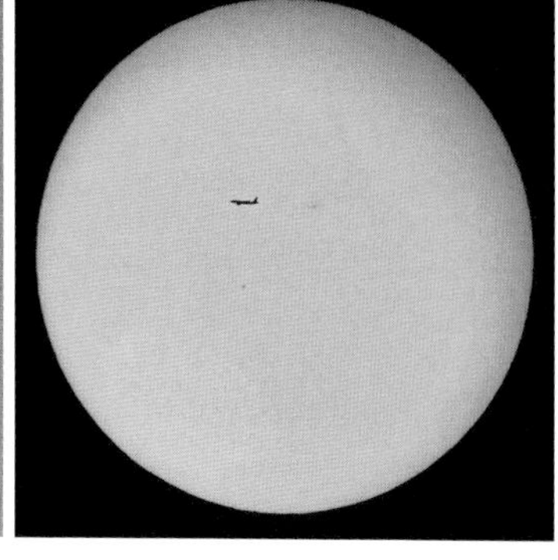

赫歇尔棱镜下的太阳黑子（一架飞机正飞过太阳）

赫歇尔棱镜是一种利用棱镜来减光的装置，使用时安装在目镜前面，属于后置减光的类型，所以只适用于没有副镜的折射式望远镜，否则会将副镜损坏。一般没有镀膜的玻璃的反射率只有 4% 左右，绝大部分的光线都通过玻璃透射过去了。使用赫歇尔棱镜以后，进入目镜的光线只是棱镜反射的约 4% 的太阳光，这就是赫歇尔棱镜的减光原理。但是，即使只是 4% 左右的太阳光，对眼睛来说还是太强了，所以除棱镜外还要加装若干减光滤镜才能构成一套完整的赫歇尔棱镜。

使用巴德膜或赫歇尔棱镜后，我们就可以借助天文望远镜很轻松地观测到太阳黑子（前提条件是观测时太阳表面有黑子），对于各种类型的日食更是非常有效的观测手段。连续观测黑子可以发现太阳的自转，有兴趣的朋友可以借此粗略地测量太阳的自转周期。

望远镜下坑洼的月球表面

月球是地球的天然卫星，是离我们最近的天体。哪怕是在光污染最严重的城市中心，我们也能很容易地看到月亮。用肉眼直接观察不能看清月球表面的细节，只能看到一些明暗阴影构成的模糊形状。古人在此基础上发挥想象，诞生了月中嫦娥等神话故事。肉眼观察月球最明显的现象就是月相的变化，即在约 30 天的时间内，肉眼可见的月球明亮部分经历“新月（朔）→蛾眉月→上弦月→凸月（渐盈凸月）→满月（望）→凸月（渐亏凸月）→下弦月→残月→新月”的周期变化。其中严格的新月（朔）是月亮完全被地球遮挡而不反射太阳光的状态，所以是看不到的。人们看到的“新月”其实是新月前、后一天的月相，此时月球的亮面部分约占其可见面积的 3%，这是我们肉眼可见的最“细”的弯月。如果用望远镜观测这最“细”的弯月，能看到一种有趣的景象——“地球照”，即原本黑暗的月球暗面因被地球反射的太阳光照亮而现出轮廓，亮面和暗面合起来，能看到整个月球的形状。

用天文望远镜观察月球，最令人感到震撼的还是月面上大大小小的环形山。月相处于弦月前后时是观测月球环形山的最佳时间。此时太阳光从侧面照射，环形山在月面上投射出清晰的阴影，看起来非常具有立体感，在高倍率的视野下颇有身临其境的感觉。

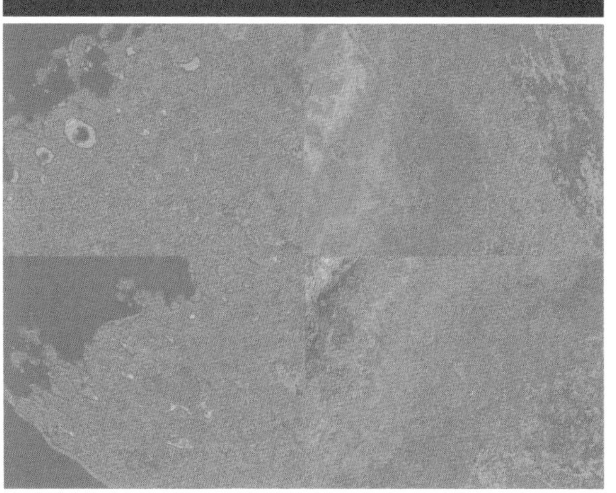

1 农历二十九地球照

2 月面局部图

残月　下弦月　渐亏凸月　满月（望）　渐盈凸月　上弦月　蛾眉月

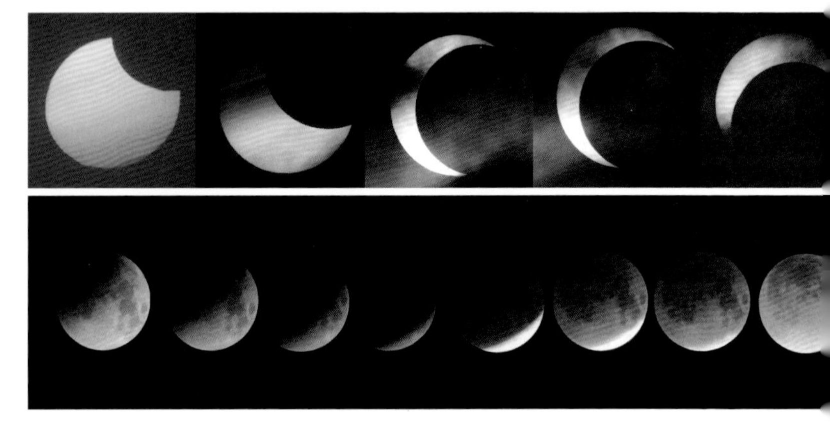

相比日食，月食是更容易看到的特殊天象。虽然用肉眼就能观测月食现象，但想看得更清晰，还是要用上望远镜。特别是观察月面逐渐被遮挡的过程和月全食食甚时的“红月亮”，使用望远镜更能获得肉眼观察所不能获得的体验。

1 典型月相图
2 日偏食带食日出到复圆的过程
3 月全食过程（2011 年 12 月 10 日）

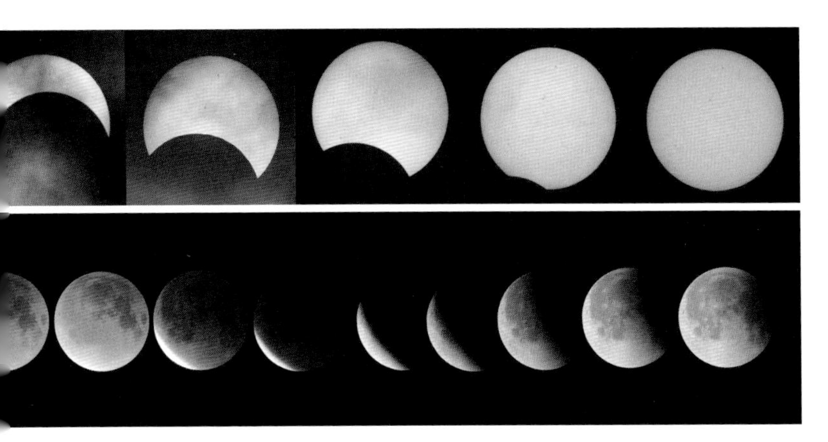

2.3 望远镜下的行星风采

太阳系内的大行星有八颗，按离太阳由近及远的顺序，分别是水星、金星、地球、火星、木星、土星、天王星、海王星。其中金星和水星在地球公转轨道内侧，称为“地内行星”；火星、木星和土星则位于地球公转轨道外侧，称为“地外行星”。在海王星之外，还有冥王星等几颗矮行星。

八大行星的公转轨道基本位于同一个平面内。如果以地

1 金星和水星，拍摄于 2010 年 4 月 8 日傍晚

2 金星相位，2010 年 12 月 18 日清晨拍摄

3 10 英寸牛顿反射望远镜拍摄的火星，2014 年 4 月 8 日 23 时

4 木星大红斑

5 土星及其光环

球为准，这个平面就是所谓的“黄道面”，即太阳视运动的轨道面。所以我们所能观测到的大行星，都位于天球黄道的附近。从视线方向看，地内行星始终在太阳两侧附近的位置，所以观测它们的时间和方位是傍晚日落后的西方和黎明日出前的东方，此时易受天文昏影和天文晨光影响。地外行星没有地内行星出现时间和方位上的限制，所以相比地内行星更容易观测到。

五星与五行

中国古人把日月和金木水火土五颗行星合起来称为七政或七曜，其中五大行星又合称五纬。其中金星古名明星、太白；木星古名岁星；水星古名辰星；火星古名荧惑；土星古名镇星、填星。所以，在先秦古籍中所说的“火”不是指火星，而是指恒星大火（即心宿二），《诗经》中的“七月流火”就是一个例子。汉代以后，阴阳五行学说盛行，五行（金、木、水、火、土）逐步成了五大行星的名字。

七曜中的五颗行星都很亮，一般情况下亮度都超过一等星，特别是金星最亮可达 -4.4 等，亮度仅次于太阳和月亮，所以即使在市区，只要晚上天气晴好肉眼都能观测到。这五颗行星在城市中要属水星最难观测，主要原因是水星离太阳最近，观测必须在日出前或日落后的 1 ~ 2 小时内进行。而且，水星出现在天空中的地平高度最大不超过 28°，随观测地点纬度的增高，这个最大角度还会越来越小。而城市中的高楼和地平线附近的雾霾都会遮挡视线，增加观测的困难。

用望远镜去观测金星和水星，都不能看清表面的细节。金星是因为表面有浓厚的大气包裹；水星则是因为视角直径很小（最大13角秒）又常年徘徊于低空，受地球大气影响较大。不过，金星和水星都能看到和月球一样的相位变化，这也是地内行星共有的特征。

离地球最近的地外行星是火星。地外行星的最佳观测时机都是在“冲日”，即太阳、地球和地外行星几乎位于一条直线，且地球位于太阳和行星之间的时候。冲日时的地外行星整夜可见，子夜时分升起到天空中最高的位置。火星冲日的时间间隔大约是两年。由于公转轨道的椭圆偏心率较大，每次火星冲日时离地球的距离不同，导致其视角直径变化较大。火星离地球最近的冲日称之为“大冲”，其视角直径约24～25角秒。大冲的间隔时间约为15～17年。

火星冲日时肉眼观察呈明显的红色，通过普通的小口径望远镜（8cm）可以看到火星的圆面，再大一点口径的望远镜（15～20cm）则可以明显地看到火星两极白色的极冠。如果通过天文望远镜连续拍摄，还有可能发现火星上的沙尘暴，即火星表面不同位置的红色深浅发生变化。

木星是太阳系八大行星中质量和体积最大的，视角直径最大可达46角秒，对于普通爱好者来说也是最有吸引力的。伽利略在1610年发现了木星的4颗卫星，我们现在用小型天文望远镜就可以很容易地看到，运气好的话还能看到木卫凌木的现象。这4颗卫星并不是每次观测木星的时候都能看全，而且排列位置也有变化。连续观察一晚就能看到木星卫星排列位置的明显变化，再持续观察几个晚上就能够看出木星卫星绕木星的旋转规律了。

除了四颗卫星外，木星的云带和大红斑也是引人注目的观测“亮点”。用小口径天文望远镜看木星就很容易看到靠近木星赤道处的两条明显的云带，如果用更大一些口径的望远镜还可以看到更多的细小云带，云带上还有一些旋涡状的结构。大红斑位于木星的南半球，最早在1665年由卡西尼发现。大红斑的红色深浅会随时间发生变化，但从发现至今都没有消失过。

土星是古代人们用肉眼可以看到的最远的行星，直到18世纪还被当作是太阳系的尽头。用望远镜观测土星最引人入胜的当属土星的光环结构。从发现土星光环的端倪到最后确认，天文学家们花了半个世纪的时间。1610年观测到土星时，伽利略认为土星并不只是一颗行星，在它两旁还有两颗小的行星。在伽利略的发现之后，很长一段时期内土星都被认为是一个三联的行星系统，很多天文学家在绘制星图的时候都会在土星的两旁画上两个把柄。1659年，惠更斯确认那两个“把柄”其实是土星的光环。1675年，卡西尼又发现在光环中间有一条缝隙，视角直径大约1角秒，我们现在称其为卡西尼缝。

用小口径的天文望远镜（8cm）就能看到土星的光环，要看清楚卡西尼缝则需要更大口径的望远镜。土星的光环呈扁平的片状，我们在地球上看到它的宽窄（面积）不是一成不变的。这是因为土星位于公转轨道上不同位置时，在地球上看它的视角不同。土星的公转周期约为30年，所以在地球上看到的土星光环形状变化也是以30年为一个周期。

五星之外

天王星和海王星是位于太阳系最边缘的两颗大行星。天王星是英国天文学家威廉·赫歇尔于 1781 年 3 月 13 日晚，在自家庭院中用他自己制作的望远镜发现的。因为当时的人们普遍认为土星已经是太阳系的边界，所以赫歇尔发现天王星时并没有意识到这是一颗行星，而是当做彗星报告给了英国皇家学会。随后，许多天文学家对这颗“彗星”进行了观测和轨道计算，最终发现它不是彗星，而是土星轨道外的一颗大行星。人们借用古希腊神话中天空之神乌拉诺斯（英语：Uranus）的名字，将它命名为天王星。

天王星的亮度是 5.7 等，肉眼是可以看到的。理论上说，在望远镜发明之前天王星就应该被人们发现，但事实是赫歇尔用望远镜才偶然发现了它。用一般小口径望远镜去看天王星只能看到一个圆面，基本看不到表面细节；用大口径望远镜也只能勉强看出一点淡蓝色。

天王星是第一颗通过望远镜发现的行星，而海王星则是一颗“计算”出来的行星。海王星的发现是牛顿力学的一次伟大胜利。1687 年，牛顿在他的伟大著作《自然哲学的数学原理》中提出万有引力定律。根据万有引力定律，行星运行的轨道不仅由太阳的引力决定，还受到附近其他大行星引力的影响。这些大行星的引力虽然比太阳引力小得多，但是加起来的影响却比较复杂，它们对行星观测位置的影响称为“摄动”。天王星发现之后，在考虑天王星摄动的情况下，对木星、土星轨道的计算值与实际观测结果都是基本符合的，但天王

天王星，2010 年 9 月 19 日

星的观测位置却与计算值不符。根据牛顿的万有引力定律，一些天文学家猜测，在天王星之外还有一颗大行星，使天王星受到了它的摄动。木星和土星由于离这颗未知行星较远，所以几乎不受它的影响。

对于上面的计算工作，有两个人独立完成了，他们分别是英国剑桥大学的学生亚当斯和法国的天文学家勒维耶。但是我们现在一般将海王星的发现归功于勒维耶，主要原因是勒维耶将他的计算结果寄给柏林天文台的天文学家伽勒后，伽勒马上就观测并发现了海王星的存在。亚当斯将他的计算结果提交给了英国皇家天文学会，但天文学会的艾里等天文学家收到后就将之束之高阁了。

海王星最亮的时候也超不过 7.6 等，所以必须借助望远镜才能看到。用小口径的望远镜观测，海王星就像是一颗暗淡的恒星；用大口径的望远镜放大到 300 倍，才能看到海王星淡绿色的圆面。

2.4 星空中的多胞胎——双星和聚星

双星是指天空中两颗异常接近的成对的星，聚星则是数量超过两个、异常接近成团的几颗星。如果仅用裸眼观察，由于人眼的分辨率限制，一般情况下我们看到的双星或聚星都只是一个亮点。大熊座的开阳和其辅星是人们用裸眼发现的第一对双星。开阳是北斗七星中的第六颗，在它的附近还有一颗很暗的星，叫大熊座 80，由于它离开阳星非常近，所以也称为开阳的辅星。这两颗星只有视力极佳的人才能分辨，所以在古代征兵的时候，经常用开阳和它的辅星来检测士兵的视力好坏。

随着望远镜的使用，人们发现了越来越多的双星。即使是以往用裸眼看到的一颗星，用望远镜观测时，有时也会发现它们其实是双星甚至聚星。比如上面提到的开阳星，除了它的辅星大熊座 80 外，用望远镜观测的话，很容易就会发现开阳星本身也是由两颗星组成的。这是 1650 年意大利天文学家里希奥利首先发现的。随后，胡克在 1664 年发现白羊座 γ 星也是双星，卡西尼在 1678 年发现天蝎座 β 和双子座 α 都是双星。更为有趣的是，通过对开阳星双星的光谱观测发现，开阳“双星”中的每一颗星其实又都是双星，即开阳星原来是个四合星系统。

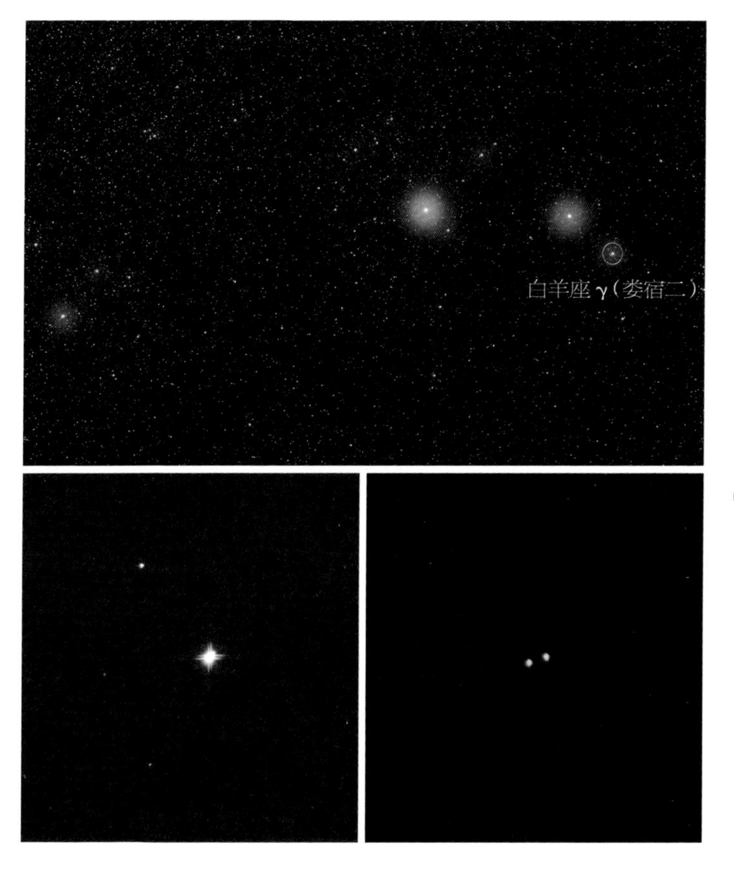

1 白羊座 γ 的位置　　3 白羊座 γ（高倍）

2 白羊座 γ（低倍）

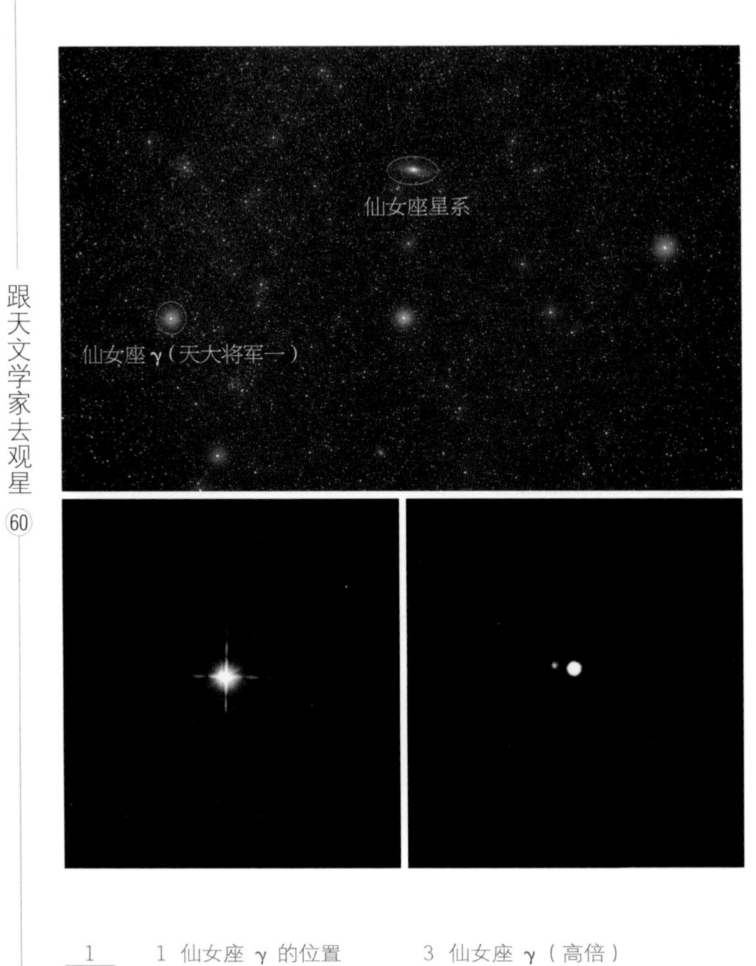

1 仙女座 γ 的位置
2 仙女座 γ（低倍）
3 仙女座 γ（高倍）

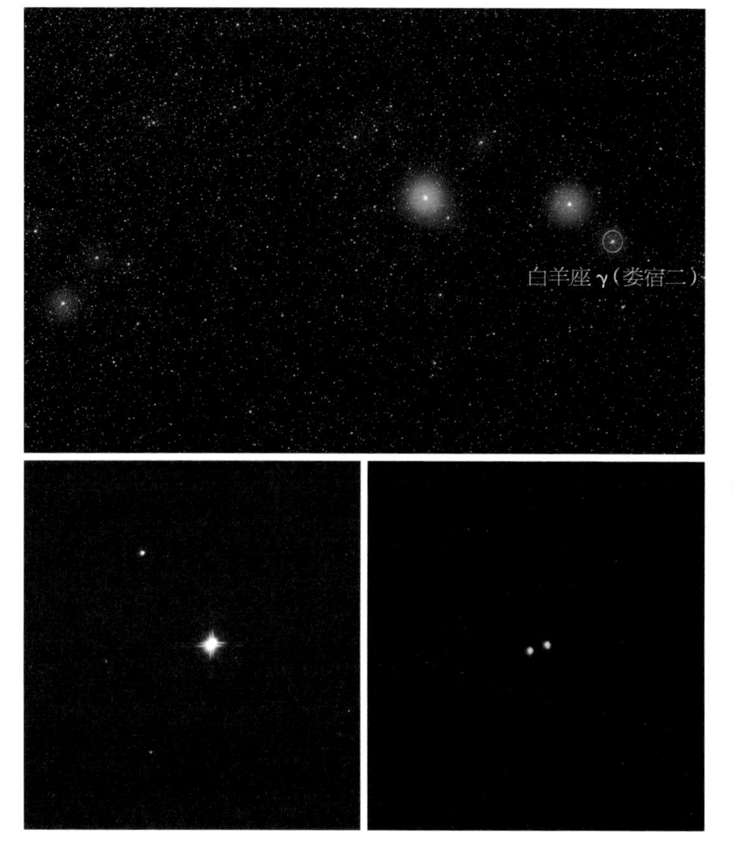

1 白羊座 γ 的位置
2 白羊座 γ（低倍）
3 白羊座 γ（高倍）

人们通过视觉看到的“双星”，有的是真正聚在一起、有相互绕转关系的一个物理系统，而有的其实只是远近不同、毫不相干的两颗星投影到天球上时角距离很近而已。前者我们称为“物理双星”，也就是真正的双星；后者称为“光学双星”，也可以认为是假的双星。不管是物理双星还是光学双星，只要通过望远镜观测能够分辨开来的，都称为“目视双星”。有一些物理双星因为距地球极远或彼此十分靠近等原因，用望远镜观察也无法分辨，但可以通过光谱分析等手段发现，主要类型有“分光双星”“光谱双星”“天体测量双星”和“食变双星”。开阳星就是用光谱的多普勒效应分辨出来的分光双星，英仙座的大陵五是有名的食变双星，天狼星的双星系统是通过天体位置测量确定的双星。

双星是非常适合在市区观测的天体。它基本不受光污染的影响，主要的问题是如何通过望远镜去找到它们。现在的天文望远镜大都有自动寻星系统，可以帮助观测者找星。多数双星的两颗星颜色都差不多，但也有一些双星的两颗星有着不同的颜色，很有观赏性。天鹅座 β（辇道增七）、仙女座 γ（天大将军一）都是这样的双星。猎户座星云中心的聚星也是非常值得观看的。这些双星、聚星用普通的 8cm 口径小型天文望远镜就可以分辨出来。

1|2
 |3

1 参宿七双星

2 参宿七和猎户座星云的位置

3 猎户座星云中心的聚星

2.5 星星抱团——疏散星团

星团分为疏散星团和球状星团。疏散星团是能在市区勉强看到的深空天体（深空天体通常指太阳系外，除了恒星的星团、星云和星系等）。由于深空天体看起来并不像恒星那样只有一个亮点，所以更受天文爱好者的青睐。球状星团、星云和星系由于表面视亮度较低，用望远镜观察只像是一些有形状的白色雾气，想分辨其颜色必须借助相机拍照。疏散星团看起来就像很多恒星聚集在一起，其中较亮的恒星用望远镜是可以看到颜色的。有一个疏散星团甚至不必使用望远镜，用裸眼就能看到，那就是著名的昴星团。裸眼观察昴星团通常能分辨出 7 颗星，在极好的视力和极佳的大气条件下，裸眼最多可以分辨出 11 颗星。用望远镜去观测的话，可以看到多达上百颗星团成员。

疏散星团的成员间虽然不像物理双星那样距离很近，但彼此之间还是有引力作用相互制约的。如果一些处于星团边缘的成员越走越远，最终也有可能脱离星团，变成一颗单独的恒星。在城市里用望远镜能观测到的疏散星团主要有昴星团、英仙座双星团、鬼星团（也叫蜂巢星团）、托勒密星团。

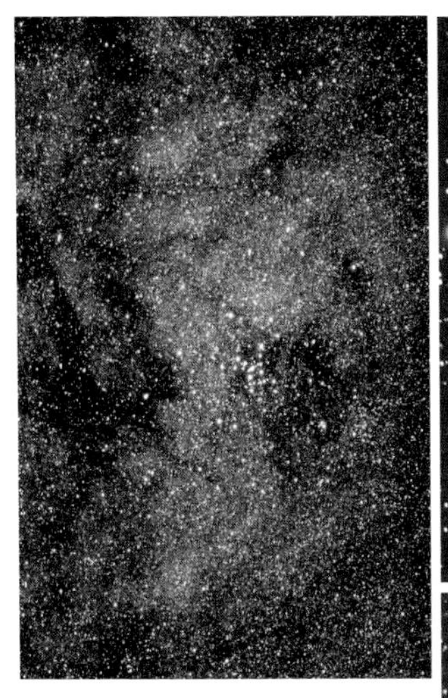

1 | 2 / 3 / 4

1 M7托勒密星团，位于天蝎座尾巴的位置

2 昴星团

3 英仙座双星团

4 鬼星团（蜂巢星团），位于巨蟹座中心位置

2.6 银河览胜

如何能看到传说中银河

恐怕没有人没有听说过银河。

李白诗曰“飞流直下三千尺，疑是银河落九天”；神话故事中牛郎织女被分隔于银河两岸，只能在七夕借鹊桥相会。但由于光污染的影响，常年生活在城市里的现代人，已经很少有机会看到清晰的银河了。在夏天晴朗无月的夜晚，避开光污染来到市郊、野外，我们会看到一条乳白色的光带，像淡淡的薄云一样高悬在空中，一直延伸到南边地平线，这就是银河。古希腊神话中认为银河是天后赫拉洒向天空的乳汁，所以在英语中银河又叫做“Milky Way”。

梁子湖边拍摄的银河拱桥

1
2

1 梁子湖边拍摄
牛郎星附近的银河
2 银河系中心区域

人马座至仙后座的银河

银河的真面目

银河当然不是天后赫拉的乳汁，而是由大约两千亿颗恒星组成的星系。1610 年，伽利略通过望远镜观测银河，发现银河是由许多密集的恒星组成的。1784 年，赫歇尔开始用他的望远镜观测银河里面的恒星，得出结论：银河的形状像一个扁平的透镜。“不识庐山真面目，只缘身在此山中。”随着望远镜技术的发展，人们可以很容易地看到银河系以外的星系，如仙女座星系和三角座星系的形状甚至细微的结构，但却很难看清银河系的全貌。这正是很长一段时间内，人们都认为银河系是和仙女座星系、三角座星系一样的旋涡星系的原因。1995 年，由美国、英国和澳大利亚科学家组成的一个科学小组提出，银河系不是车轮状的旋涡星系，而是一个有棒状结构的棒旋星系。

北半球的观测者并不能看到全天的银河，这是因为靠近南天极的一小块天区是我们一年四季都看不到的。想要看全银河，还得去南半球做一次旅行。

2.7 深空猎奇

□ 深空天体和彗星

16～17 世纪望远镜问世后的一段时间，人们对星空的关注重点都是行星和恒星。18 世纪中期以后，天文学家开始系统地寻找彗星，这也源于牛顿天体力学的发展和哈雷彗星回归的成功预言。深空天体的发现和整理很大一部分原因是搜寻彗星的需要。因为彗星和很多深空天体——特别是星云和星系一样，在望远镜里看起来都像是一团云雾，只有在靠近地球时，才能观测到明显的彗尾。

人们能看到的彗星是一些进入太阳系并且路过太阳的小天体，其主要成分是尘埃和冰。现在天文学家一般认为，彗星起源于太阳系边缘的柯伊伯带和奥尔特云。彗星形态各异，突然出现在天上，然后又慢慢消失，所以古代天文学家把大多数彗星当成了一种大气现象而非天体。彗星靠近太阳后，能观测到的结构一般包括彗核、彗发和彗尾。不同彗星的彗尾形态有很大区别，中国古代的彗星观测里就有根据彗尾长短，将彗星分为“孛、弗、扫、彗”的说法；1744 年，西方甚至还记录了罕见的“歇索六尾彗星”。

最著名的彗星当推哈雷彗星，它是一颗周期彗星，天文学家哈雷最先预言了它的回归。要观测像哈雷彗星这样的亮彗星说起来很简单——当它靠近地球时，在晴朗的夜晚用肉眼就可以看到。但对于某一位观测者而言，问题是一生中都不一定能够等到哈雷彗星靠近地球。哈雷彗星上一次回归是在 1986 年，下一次回归则要等到 2061 年。在此期间，只能等着看其他大彗星，比如海尔－波普彗星、池谷－张彗星、麦克诺特彗星、泛星彗星等。即便如此，对于一般爱好者而言，如果不走遍世界去寻找合适的观测点，一生中看到大彗星的机会也是屈指可数的，所以一旦遇到能观测大彗星的机会，一定要珍惜。除了这些肉眼可见的大彗星，其实人们还在一直不断地通过 SOHO 探测器发现小彗星。小彗星的亮度低，

1 一团雾状的彗星，小彗星的彗尾不明显

2 有淡淡长彗尾的彗星

即使靠近地球也得用望远镜才能观测到。而且，小彗星看上去就是一个模糊的光团，必须借助摄影等手段才能观察到它的细节（如彗尾）。

梅西耶天体表

深空天体表，是天文学家编制的深空天体“名录”，而对于天文爱好者而言，最常用的深空天体表就是梅西耶天体表。梅西耶（1730—1817）是法国的天文学家，他一生中的一项主要工作就是搜寻彗星。梅西耶在寻找彗星的过程中发现了很多朦胧的天体，样子看起来很像彗星，但是又不像彗星那样在天空背景中移动。为了提高巡彗的效率，梅西耶把这些天体编成表并在星图中标注了出来，这就是梅西耶天体表。梅西耶天体表有三个版本，1774 年的第一版只有 45 个天体；到了 1781 年的第三版时达到了 103 个；在这之后，人们又把梅西耶本人和他朋友发现的几个深空天体加入，使其数量扩充到了 110 个。如今，这 110 个天体的梅西耶天体表已经被广泛认可，并成为业余天文爱好者的必看经典。

梅西耶天体表广泛流传，主要原因之一是这个表里全部都是比较亮的深空天体，观测门槛比较低。据说梅西耶当年使用的望远镜口径只有 6 厘米左右，我们现在花不到一千元就能买套 8 厘米口径的天文望远镜，比梅西耶用的还好，所以理论上只要去郊外找一处光污染很小的观测地，就能轻松观测到梅西耶表中的天体。甚至在三月份的无月夜晚，如果观测点周边视野绝对开阔且有良好的低空透明度，用一个晚上的时间观测到所有 110 个梅西耶天体，也不是不可能的。

实际上，这个一夜看完所有梅西耶天体的活动还有一个名称，叫做“梅西耶马拉松”。当然，完成这个“马拉松”也并非易事：因为通过有自动寻星系统的天文望远镜寻找梅西耶天体自然很方便，但梅西耶马拉松是要求观测者手动寻找目标的。

球状星团、行星状星云、星系

深空天体中的疏散星团在市区里能勉强看到，但到了郊外，则更具有观赏性。在望远镜的视野里，一颗颗蓝色的星点犹如蓝宝石一样聚集在一起，引人遐想。

球状星团、行星状星云、较亮的发射星云和星系，在郊外的良好观测环境下用望远镜目视大都可以看到。但一些有名的深空天体，如马头星云（暗星云）、北美洲星云，因为太暗，不管用多大口径的望远镜，几乎都无法目视看到。这些天体只能通过拍照观测，就不要把宝贵的观测时间浪费在搜寻这些暗天体上了。

球状星团中的恒星数量可以达到百万数量级，这么多恒星聚集在一起，用小口径望远镜观测只能看到一团模糊的光斑，用20cm以上口径的望远镜才能勉强分辨出边缘的恒星。球状星团中的恒星年龄都在100亿年左右，是非常年老的天体。银河系内已发现大约150个球状星团，在北天比较容易观测到的是武仙座球状星团（梅西耶天体表编号M13）。

行星状星云是类似太阳这样的恒星死亡后产生的，可以说行星状星云就是恒星的坟墓。一般在行星状星云中间，都会有一颗白矮星。在北天容易观测到的行星状星云有指环星

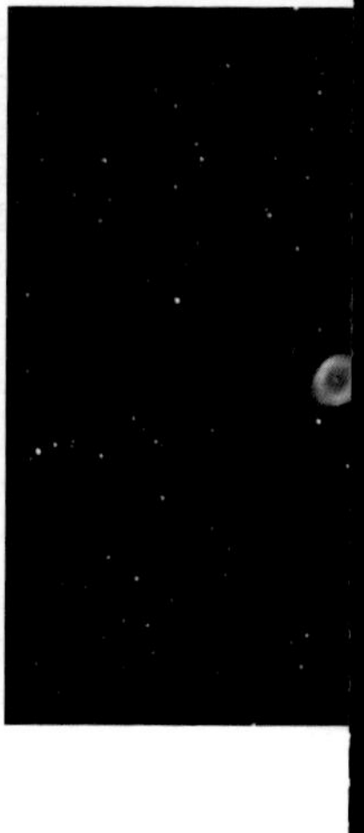

1	2	3	7
4	5	6	

1 马头星云

2 武仙座球状星团 M13，中心紧密

3 球状星团 M22，中心相对松散

4 北美洲星云

5 指环星云 M57

6 哑铃星云 M27

7 仙女座星系和风车星系位置

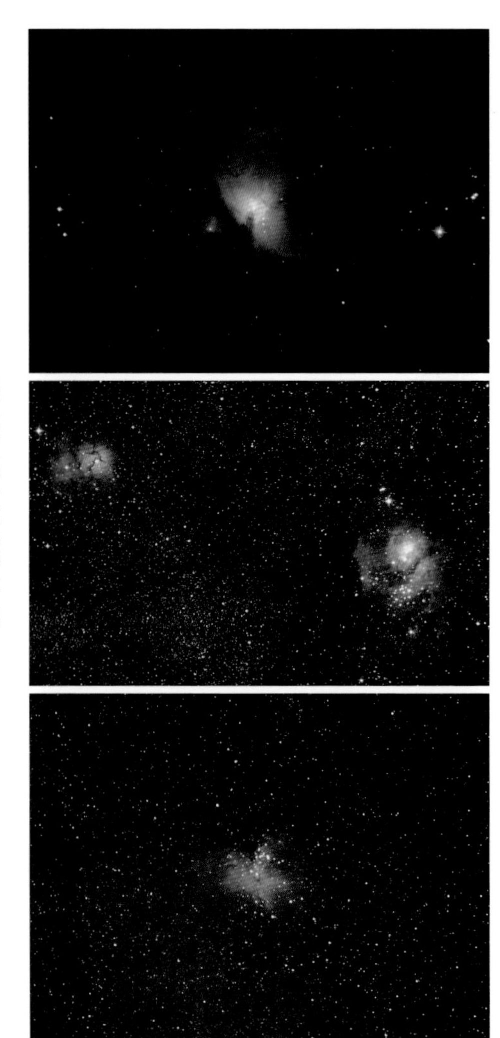

1 猎户座大星云 M42
2 礁湖星云 M8（右）和三叶星云 M20（左）
3 鹰状星云 M16

1 仙女座星系 M31　3 风车星系 M33
2 大熊座的 M81&82　4 涡状星系 M51

云（梅西耶天体表编号 M57）、哑铃星云（梅西耶天体表编号 M27）。指环星云的视直径比哑铃星云小得多，所以用低倍率（约 50 倍）望远镜就能很容易地看清楚哑铃星云的形状，但要看清楚指环星云就得用 100 倍的倍率。这时的指环星云看上去就像一个白色的烟圈。

发射星云是自身发光的星云，是真正意义上的星云。这种星云所在的区域通常伴随有新的恒星产生，所以发射星云可以说是恒星的摇篮。全天最有名的发射星云就是猎户座大星云（梅西耶天体表编号 M42）。裸眼观察猎户座大星云就能看到一个模糊的光斑，通过望远镜观察，它的形状就像一只飞鸟，其中央的 4 颗聚星就是新生成的年轻恒星。另外，在夏季银河最亮的那一片区域中，也有很多可以目视观测到的发射星云，如礁湖星云（梅西耶天体表编号 M8）、鹰状星云（梅西耶天体表编号 M16）。

在仙女座 β 星的附近，有一个肉眼隐约可见的模糊光斑，它就是大名鼎鼎的仙女座星系（梅西耶天体表编号 M31）。仙女座星系是肉眼可见最远的天体。因为通过望远镜目视观测，星系看起来和普通星云无异，都是一些模糊的光斑，所以人们起初发现星系的时候并没有意识到它们是银河系外和银河系有相同尺度的天体。20 世纪初，天文学家哈勃提出仙女座星云很可能是和银河系一样的星系，由此在天文学界展开了关于宇宙尺度大小的争论。后来，随着对仙女座星云距离的观测，才结束了争论，确定仙女座星云就是银河系外的星系，其尺度比银河系还要大些。近年来的观测结果还表明，仙女座星系和银河系的距离越来越近，有合并在一起的可能。除了仙女座星系外，还有一些比较亮的星系可以比较容易地观测到，如三角座的风车星系（梅西耶天体表编号 M33）、猎犬座的涡状星系（梅西耶天体表编号 M51）、大熊座的 M81&82。星系通常都是比较暗淡的，所以观测星系时用的望远镜口径越大越好，但还是要以自己能搬动为准。一般超过 35.56cm（14 英寸）口径的望远镜很可能你买得起，却搬不动了。

最后需要说明一点，不要期望通过望远镜看到和照片一样的效果。所有的深空天体用肉眼看起来几乎都是淡淡的白色光斑，是看不到颜色的。这是因为人眼对暗弱光线的色彩感知能力很差，无法和相机的感光元件相比。如果想看到不同颜色的星星可以去看恒星，恒星的颜色肉眼是可以分辨的。

2.8 流星许愿

□ 流星和流星雨

流星是转瞬即逝的天象，直到 19 世纪后人们才搞清楚流星是太空中的流星体（岩质或冰质碎片）进入大气层后因摩擦而燃烧发光的现象。大多数流星的持续时间都很短（几分之一秒），亮度也不一样。有的流星比行星还要亮，称为火流星。流星出现的时间和方位是无法完全准确预知的，观测到流星需要一定的运气，这也许是人们面对流星许愿的原因之一吧。

流星可以分为偶发流星和流星雨。偶发流星完全是随机出现的，一天晚上大约会有数百颗偶发流星出现，它们大都一闪即逝，运行也没有固定的方向。不同于偶发流星，流星雨会年复一年地在相对固定的时间内出现，其飞行轨迹也有一定规律。当流星雨来临时，如果把每一颗流星的轨迹都在

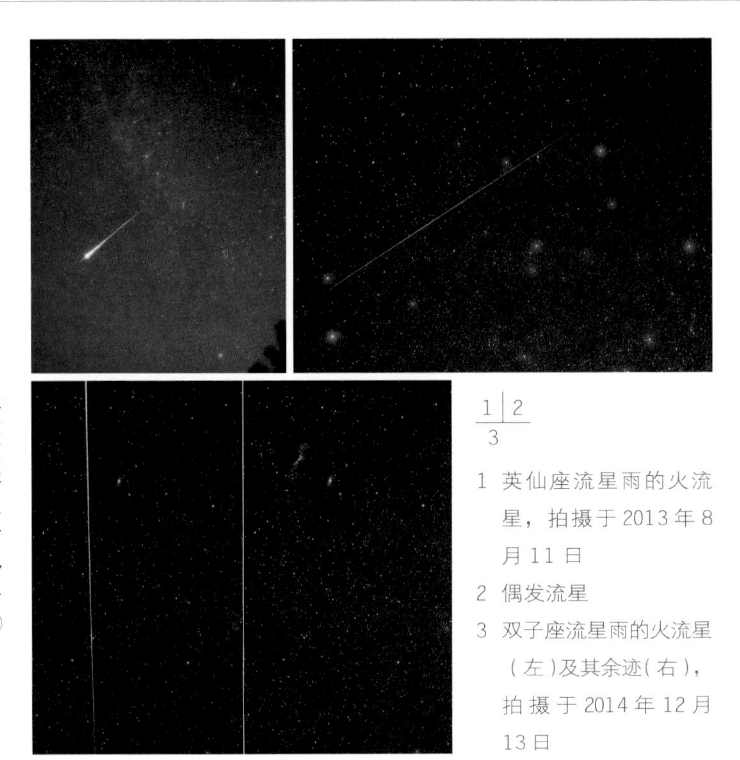

1 英仙座流星雨的火流星，拍摄于 2013 年 8 月 11 日
2 偶发流星
3 双子座流星雨的火流星（左）及其余迹（右），拍摄于 2014 年 12 月 13 日

天球上画出来，就会发现它们的反向延长线汇聚在天上的同一点，这就是流星雨的辐射点。辐射点位于哪个星座内，该流星雨就称为某某座流星雨，比如现在的北半球三大流星雨：象限仪座流星雨、英仙座流星雨、双子座流星雨。

流星雨的产生和彗星有关。由于结构相对松散，彗星会在它的运行轨道上散布大量的流星体。当地球靠近或经过彗星轨道时，这些流星体进入地球大气层，就会产生流星雨。因为地球在轨道上的运动是周期性的，所以上面提到的北半球三大流星雨每年都发生一次，而且发生时间相对固定。象限仪座流星雨极大一般在 1 月 3 日左右，极大时的平均天顶流量为每小时 120，经常在 60 ~ 200 之间变化；英仙座流星雨来源于一颗名叫 109P/ 斯威夫特 · 坦特尔的彗星，它在每年 8 月 13 日前后流星流量达到极大，每小时最大天顶流量可以达到 110 以上；双子座流星雨极大一般在 12 月 13—14 日，极大时每小时天顶流量可达到 150 左右。要注意的是，并不是所有流星雨都产生自彗星的尘埃碎片，双子座流星雨的母体就不是彗星，而是小行星 3200（法厄同）。

□ 流星观测经验分享

一般情况下，流星只能用肉眼观测，不需要装备专业的望远镜，是门槛最低的天文观测对象。在郊外晴朗的夜晚，只要你盯着星空耐心等待、认真寻找，一般总能看到几颗偶发流星。但是，尽管流星观测门槛低，该做的准备还是不能少。比如冬季观测时要做好防寒保暖措施；想躺着观测的话要准备好躺椅或睡袋、地垫。观测流星雨除了搜索网上的预报时间和天气预报外还要注意了解观测时的月相，看看是否有月光干扰，月光会严重影响你看到的流星数量。

要想获得最好的观测效果，一定要根据后面的著名流星雨表来挑选流量较大的流星雨观测。英仙座流星雨和双子座流星雨出现峰值的时间较为固定，而且流量也非常稳定，只要认准极大期的时间。选择好光污染小的观测点，长时间蹲

2016 年英仙座流星雨（合成图）

守就一定能够看到流星。这两个流星雨的辐射点升起的时间都是下半夜，等辐射点升起后天上每个位置都有可能出现流星。由于肉眼的视野不能覆盖整个天空，你只能盯着一个方向看，那么为尽可能多地看到流星，最佳的观测姿势是躺着。如果没有条件躺着看，那么一定要守住一个方向一段时间，一直没有看到流星再换方向。

英仙座流星雨和双子座流星雨虽然流量稳定，但我们在实际观测的时候并不会像一些视频中那样，流星像雨点一样不断落下。这些视频一般是把几个小时内拍摄到的流星“浓缩”到一起了。

流星像雨点一样落下的情况在历史上不是没有出现过，恰恰是出现过这种情况才有了“流星雨”这个名字。历史上狮子座流星雨曾出现过“流星暴”，其峰值流量可达每小时数万颗。2001 年的狮子座流星雨爆发时，其峰值流量达到了每小时一万颗以上。笔者从深夜 12 点观测到凌晨 3 点，三个小时共观测到了 500 颗左右。此外，还看到了两个终生难忘的景象：天空中同时出现两颗以上的流星；低空出现了像彩虹一样的七彩火流星。可惜当年的照相技术、设备有限，没能拍下好的照片留念。

著名流星雨表

流星群名	活跃期	极大期	极大时每小时流量	特征	相关起源彗星（或小行星）
象限仪座	1月1日－5日	1月4日	120	速度中等，亮度较高	小行星2003 EH1
天琴座	4月19日－23日	4月22日	20	流量不大但是亮流星较多	彗星1861
宝瓶座 η	4月19日－5月28日	5月5日	18	流星速度中等、流星路径长	哈雷彗星
英仙座	7月20日－8月20日	8月13日	110	流星速度高、亮流星多	斯威夫特·坦特尔彗星
猎户座	10月15日－25日	10月21日－22日	20～30	流星速度高、亮流星多、白色	哈雷彗星
狮子座	11月14日－21日	11月17日	10～15	速度极高、会周期性地出现“流星暴”	坦普尔·坦特尔彗星
金牛座	10月25日－11月25日	11月8日	5	流量不大但是火流星特别多	恩克彗星
双子座	12月4日－17日	12月13日－14日	120～150	速度中等、亮度高、颜色多样	小行星3200（法厄同）

附录一

如何选购一台天文望远镜

现在市面上的天文望远镜品牌和种类很多，如何选购一台适合自己的天文望远镜呢？我们先来了解一下望远镜的主要光学指标参数，再比较折射式、反射式和折反式这三类望远镜各自的优缺点，就可以根据自己的需求来选购了。记住一点：没有一台望远镜是万能的，哪怕是天文台里的科研级别望远镜也是如此。

望远镜的主要参数有：口径、分辨率、焦距、焦比。

口径就是望远镜主镜片的直径，这个参数主要反映了望远镜的集光力和分辨率。集光力和口径的平方成正比，例如一架 50mm 口径的折射式望远镜和一架 100mm 口径的折射式望远镜比较，后者的集光力是前者的 4 倍。集光力越强就越能够看到暗弱的天体，这就是望远镜越做越大的原因。一般来说，越暗弱的天体离我们就越远，所以望远镜越大也意味着我们能看到越遥远的宇宙面貌。另外，口径越大、光线越强，分辨率自然也越强，分辨率和口径成正比。通俗地说，就是望远镜的口径越大，看到的画面就越亮越清晰。

焦距就是一束平行光进入主镜后汇聚的焦点离主镜的距离，焦距主要反映了望远镜的放大本领。望远镜的视角放大率（倍率）= 物镜焦距 / 目镜焦距。 例如一般的中小口径天文望远镜，物镜焦距为 1000mm，配合使用 25mm 的目镜时，视角放大率就是 40 倍。望远镜的放大率有上限（取决于口径和大气视宁度），一般实用的最大放大率是口径（按毫米算）的 1 ~ 2 倍。如 50mm 口径的折射式望远镜，当放大率超过 100 倍时就没有什么意义了，因为无论怎样调节，看到的图像都是模糊的。因为大气扰动的影响，一年中能使用超过 400 倍的望远镜观察天体的时间都很少，所以不要被一些宣称能放大一千倍、一万倍的望远镜给欺骗了。

焦比（f 值）是指望远镜焦距和口径的比值。比如一架折射式望远镜的口径为 80mm，焦距为 560mm，它的焦比就是 7（f=560/80）。焦比反映的是望远镜视野的亮度，这个参数是与拍摄照片相关的。照相机镜头的通光能力常用光圈值表示，望远镜的焦比值和相机镜头的光圈值是相同的。相机镜头的光圈值越大，相同时间下的曝光能力就越弱，所以相机镜头里的“大光圈”是指的光圈值很小的，如 f1.4、f2 这些。望远镜由于光学原理的限制很难做成照相机一样的“大光圈”，只有少数专门用于拍照的施密特镜可以达到。大部分用于目视和普通摄影的望远镜 f 值都在 5 ~ 15 这个范围内。两个焦距都是 1000mm 的望远镜，都用 25mm 的目镜，则放大率都是 40 倍，看到的视野范围也差不多。但 200mm 口径望远镜的视野亮度约为 100mm 口径望远镜的 2 倍。所以在相同口径或倍率下，焦比越小的望远镜视野越亮、看起来越清楚。

如何参考这些参数来选择望远镜呢？我们来举例说明一

下。假如我们要观测木星并像伽利略一样发现木星的四颗大卫星，按照伽利略的经验，望远镜需要的放大倍率是30倍。排除天气因素，根据口径决定最高倍率，望远镜的口径应不低于15mm。但是实际上并没有这么小口径的望远镜卖，原因是15mm口径的望远镜放大物体到30倍需要很长的焦距。例如用5mm的目镜的话，30倍放大倍率对应的物镜焦距是150mm，焦比值为10。使用这样的物镜即使能看到木星的卫星，其亮度也会很暗而看不清楚。如果将物镜换成口径50mm、焦距300mm，焦比值变成了6，而目镜使用10mm焦距的，这样在倍率不变的情况下，亮度和分辨率都能增加。大家已经知道木星表面还有大红斑，伽利略当年是没能发现的。所以想看到木星表面的大红斑，放大30倍的望远镜是不够用的。那么用多大倍率的望远镜才能看到木星大红斑呢？根据作者的经验，用100倍的望远镜勉强可以看到，用200倍的望远镜才能看得清楚。从上面的例子我们可以看出：在选择望远镜主镜的时候，只需要看口径和焦距两个参数；放大倍率的选择则是通过选择目镜来实现的。理论上物镜的口径是越大越好，前提是你能够买得起、搬得动；焦距在实际使用中也并不是越长越好，往往会限制在一个范围内。因为当口径固定时，焦距太短会使成像质量太差而无法接受；焦距太长又会导致望远镜过大过重，成像亮度也会变得很暗而看不清楚。所以一般在观测像太阳、月球和行星这些高亮度的目标时，可以选择长焦距、f值较大的物镜，并且也更容易匹配到合适的目镜；而看星云、星系这类较暗的深空天体时，要选焦距较短、f值较小的物镜，这样视野会亮一些。

普通消色差望远镜

复消色差望远镜

我们前面说过，现代用于天文观测的折射式望远镜都是开普勒式的，同时，望远镜的镜头也大多不是单镜片的，而是使用普通消色差和复消色差的多片复合式折射镜。关于折射镜有几个容易混淆的概念：ED 是低色散玻璃的意思，Fluorite 则是指萤石，这两个概念都是指制作镜片的材料的特性；Achromatism 意思是普通消色差透镜，是指将蓝、绿、红三种波长的光线的色差进行校正的透镜组；Apochromatism（简称 apo）的意思是复消色差透镜，普通消色差透镜的剩余色差又叫“二级光谱”，复消色差透镜是消除了二级光谱的透镜。普通消色差镜头一般包括两组镜片，即外侧的冕牌玻璃凸镜和内侧的火石玻璃凹镜。为进一步降低色差、同时控制成本，可以将其中一块镜片的材料换成一般的 ED 玻璃，这就是所谓的两片式 ED 镜头，它是介于普通消色差镜头和复消色差镜头之间的产品。而复消色差镜头往往会用到更复杂的三片式设计，高级 ED 玻璃是少不了的，有的甚至还会使用萤石等具有负色散的材料。

普通消色差镜头的望远镜和复消色差镜头的望远镜价格差别一般在 5 到 10 倍之间。对于放大倍率在 100 倍以内的低倍率观测，普通消色差的望远镜就够用了；但对于 100 倍以上的高倍率观测，普通消色差镜头的残余色差也会对成像有较大影响，降低成像的清晰度。要解决这一问题就要换用复消色差镜头的望远镜。折射式望远镜的优点是成像质量好；缺点是大口径的玻璃透镜制造成本极高，且镜筒较长使用不便。现在市面上能买到的折射式望远镜不论是普通消色差还是复消色差的，口径一般都在 150mm 以内，再大口径的就得花昂贵的价钱定制了。所以，折射式望远镜主要用于目视高亮度的天体和天文摄影，需要大口径望远镜时，一般都选择牛顿式反射望远镜或折反式望远镜。

牛顿式反射望远镜的优点是没有色差，并且可以用很便宜的价格买到大口径的，现在一般的入门型牛顿式反射望远镜都是 150mm 口径起步了。牛顿式反射望远镜和折反式望远镜有一个共同的缺点：就是因为副镜对光线的遮挡，在同口径下成像锐利度不如折射式望远镜。牛顿式反射望远镜的口径虽然可以做得比折射式望远镜大很多，但同样会面临镜筒过长的问题。

天文爱好者常用的星达（Sky-Watcher）150mm 口径、焦距 750mm 的入门型牛顿式反射望远镜，俗称“小黑”，镜筒长度在 600mm 左右，使用还算比较方便。要是口径增加到 300mm，焦距为 1500mm，镜筒就很长了。这样的望远镜有些是镜筒可伸缩的，安装镜筒的支架使用简单经典的道布森（DOB）式经纬台，一般又称为道布森式牛顿反射镜。

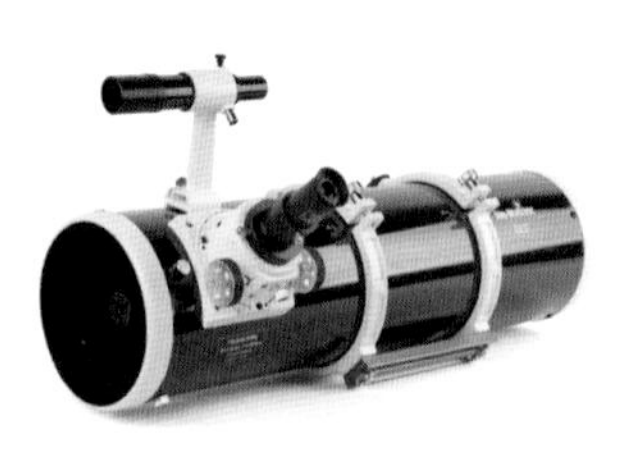
星达 Sky-Watcher150mm 口径牛顿反射镜

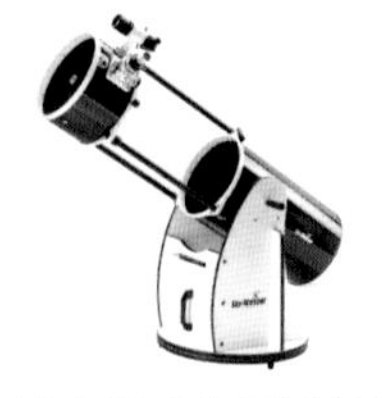
道布森式牛顿反射镜

牛顿式反射望远镜在使用中需要经常调整光轴。光轴偏斜的望远镜轻则视场边缘成像质量下降，重则整个画面模糊不清。口径较小的折射式望远镜的镜片由于重量较轻，是用螺纹压圈固定在铝合金的镜座内，镜座再用螺纹或螺丝固定在镜筒上的。只要镜座和镜筒足够结实，正常使用时一般不会发生光轴偏移的问题。所以折射式望远镜出厂时镜片都是调整好光轴的，使用者无法自行改变。而牛顿式反射望远镜的主镜是用带弹簧的螺丝悬浮固定在镜筒内的，副镜则由较细的支架固定在镜筒前端的中央。这样的固定结构导致牛顿式反射望远镜容易在搬运过程中镜片发生松动位移而导致光轴偏移。校准牛顿式反射望远镜的光轴需要一定的经验和技术，这也是令大多数初学者头疼的问题。在充分了解望远镜光学原理的前提下，借助专门的校准目镜可以方便地校准牛顿式反射望远镜的光轴。基本步骤是：先校准副镜在调焦筒中的位置，然后再调整副镜的角度使主镜的中心点位于校准器的中心，最后调整主镜。白天利用校准目镜调整好后不一定就能达到理想的状态，夜晚再利用恒星的星点微调一下主镜即可达到一般的使用要求。

折反式望远镜的特点是相比折射式望远镜，它的口径可以做得很大；同时，相比于牛顿式反射望远镜，它的镜筒长度差不多可以减半。而且，折反式望远镜的成像质量可以接近比它口径小一点的apo折射式望远镜，优于同口径的短焦距牛顿式反射望远镜。施卡折反镜也需要调整光轴，但比牛顿式反射镜要简单，出厂状态良好的情况下不需要调整主镜，只需要调整副镜；而马卡镜则不需要使用者调整光轴。如果经常外出观测，又需要大口径的望远镜，折反式望远镜是较好的选择。市面上能买到的马卡镜口径范围约为90mm到200mm之间，施卡镜为100mm到400mm之间。不同口径的马卡镜和施卡镜的镜身体积差别也很大，90mm口径的马卡镜差不多只有奶粉罐大小，而280mm口径的施卡镜就有家用热水器或煤气罐一样大小了。

市面上主流的三大类天文望远镜我们都已经介绍完毕。初学者选购望远镜时，首先要明确自己的观测目标。如果只是在家里阳台或楼顶看看月亮，80mm左右口径的长焦普消折射镜就够用了，这类望远镜往往会配一个很轻便的架子，一只手就可以整个搬起来，使用非常方便；如果是要在楼顶看行星，那80mm口径的普消折射镜就只是能看到而已，想要看得更大更清楚就得用更大口径的望远镜，这时200mm（8英寸）口径的折反镜就是首选。更大口径的望远镜当然效果更好，但是一个人不一定能轻松搬动，如果是自己开车去野外观测，那么不妨使用大口径的牛顿式反射镜，可以看到更多的星云和星系。以上是针对目视而言，如果要摄影的话，最便捷和容易上手的选择就是apo折射镜或专业的摄星镜了。

天文望远镜的支架

天文望远镜的镜筒又长又重，不可能用手直接端着观测，必须配备支架。天文望远镜的支架主要有经纬仪和赤道仪两种。经纬仪主要由两个相互垂直的转动轴组成，操作比较简单。望远镜安装到支架上后可以使用旋钮来上下、水平转动，新手可以很快上手。

赤道仪的主要部分也是两个相互垂直的转轴，但安放角度与经纬仪不同，比经纬仪多出很多部件，操作也要复杂一些。赤道仪的主要优点是跟踪星星比较方便，只需要转动赤经轴的旋钮就可以了，赤纬轴的旋钮可以几乎不动。要保证实现赤道仪的这个优点，需要观测者正确地安装好赤道仪，其中最重要的一步操作就是对极轴。这里所说的“极轴”是指赤道仪上赤经轴的转动轴，安装时这个转动轴的轴线要对准北天极（一般目视观测对准北极星即可）。要想对准极轴需要极轴镜的辅助，还要熟练掌握两对极轴调整螺丝的使用。想用好赤道仪非一日之功，需要勤加练习。

天文望远镜的附件选择

天文望远镜的各种附件对观测有重要作用。天文望远镜必须配备的附件有寻星镜、天顶镜和目镜。寻星镜是用来快速搜寻目标的。主要类型有红点寻星镜和光学寻星镜。红点寻星镜不具有放大功能，就是在一块平板玻璃上用激光标出

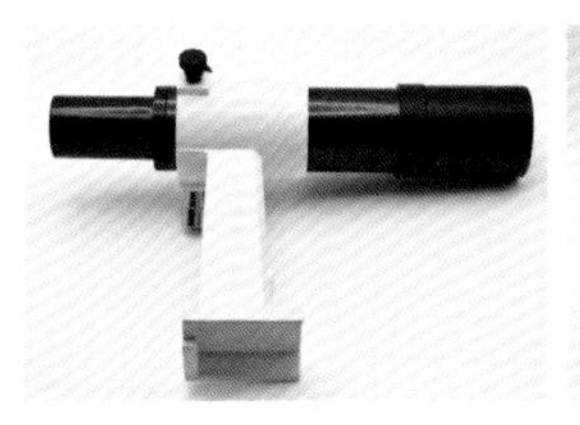
寻星镜 6×30

寻星镜 9×50

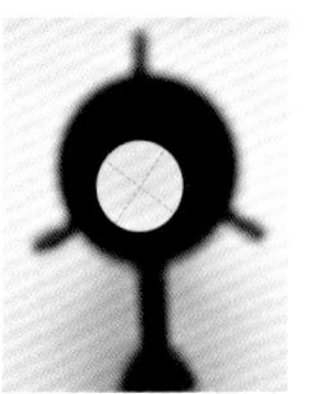
寻星镜内十字丝

一个红点，适合在野外无严重光污染的条件下使用；在城市光污染条件下则需要使用光学寻星镜。光学寻星镜其实就是一个配好目镜的开普勒式小望远镜，目镜内部有起校准作用的十字丝。它的视场比主镜要大很多，通过它能看到更大的范围，这样就可以提高搜寻目标的效率。光学寻星镜的规格主要有 5×24、6×30、9×50 三种，前一个数字指放大倍率，后一个是口径。光学寻星镜在使用前需校准，确保和主镜同轴，也就是要使寻星镜的十字丝中心和主镜视野中心为同一个点。这一般是通过调整安装寻星镜的调整螺丝来完成的。

天顶镜是加在望远镜主镜的目镜前端，用来调整观测角度的。人正常的观测习惯是平视，要看头顶上的天区就得仰头，时间长了脖子受不了。加装天顶镜，就可以使观测者以平视的姿势观察头顶的目标。牛顿式反射镜是从镜筒侧面观察的，不需要天顶镜来改变观测者的视线方向，天顶镜主要用于折射式和折反式望远镜。常见的天顶镜有两种，一种是由平面反射镜构成的天顶镜，成像后上下不变，左右相反；另一种是用棱镜制成的天顶镜，成像后上下左右方向均不变。接口

45 度正像镜　　90 度天顶镜

常有两种规格：1.25 英寸和 2 英寸。

高质量的天顶镜通常使用反射率达到 99％以上的高反射率、高精度平面镜。这种天顶镜反射率高、光损小，又不会引入额外的像差。一般对成像质量要求较高的望远镜系统中都会使用这种天顶镜，当然它的价格也是普通天顶镜的好几倍。

增倍镜是在不更换目镜的情况下用来增加倍率的，使用时可以放在目镜前面，也可以放在天顶镜前面，区别是增加的倍率不同。放在目镜前是其标称增加倍率，放在天顶镜前面则比标称值要高一些。增倍镜有两类：巴罗镜（两片式）和 Focal Extender（四片式）。不论哪种类型都是相当于在望远镜主镜后面加了一块凹透镜，主要功能是延长主镜焦距，增加 f 值，从而提高放大率。增倍镜的倍率从 1.5 倍到 5 倍不等。 接口常用的有两种规格，1.25 英寸和 2 英寸。虽然增倍镜一般是消色差的，但是高倍下仍可能引入色差，所以不要盲目追求高倍率而使用增倍镜。一般情况下能通过更换目镜

两片式增倍镜 2x（左）3x（右）

来达到的高倍率，就尽量不使用增倍镜。

目镜是天文望远镜最重要的附件，一个好的目镜可以给观测质量带来质的飞跃。有的望远镜厂商为了缩减成本，往往在目镜上面偷工减料，这样即使主镜质量还不错也难以达到好的观测效果。目镜和主镜一样也相当于一个焦距很短的凸透镜，但是关注的光学指标参数和主镜不同。目镜关注的参数主要有：焦距、表现视场和出瞳距离。

焦距超过 30mm 的目镜属于长焦距目镜，焦距 10mm ~ 30mm 的属于中焦距目镜，焦距小于 10mm 的属于短焦距目镜。目镜焦距越短制作要求越高。表现视场决定观测到的范围，一般的是 40 度 ~ 60 度，极端的广角目镜可达 100 ~ 120 度。表现视场并不是实际通过望远镜看到范围，而是经过目镜可以看到的范围。在倍率固定的前提下，表现视场越大看到的范围就越大。使用视场太小的目镜，观测时间长了眼睛容易疲劳；而视场太大，则需要眼睛不停转动才能看到整个画面。一般情况下，使用表现视场 60 度左右的目镜观测起来比较舒服，而且超广角的目镜价格一般都很高。

出瞳距离是指在看清成像的情况下眼睛离目镜最外面镜片的距离。如果这个距离太短，观察时眼睛就要紧贴在镜片上，非常不舒服，甚至睫毛都会贴在镜片上，产生影子影响观测；如果出瞳距太长，则要眼睛远离目镜才能看到整个视场，凑近时容易产生一个黑圈影响观察，还要用一个眼罩来克服。比较舒服的出瞳距离一般是 10mm ~ 20mm。

表现视场和出瞳距离都是由目镜本身的结构决定的。早期的目镜是惠更斯（H）目镜和冉斯登（RS）目镜，它们都是由两个平凸透镜组成的，视场很小，观测效果较差。一般是配在最低端的望远镜套装里的，自行购买时应尽量避开这两种类型的目镜。

现在常见的目镜类型有凯涅尔（Kellner）目镜、普罗素（Plossl）目镜、Orthoscopic 目镜以及一些特殊用途的目镜，例如行星目镜、平场目镜、超广角目镜等。

凯涅尔（Kellner）目镜简称 K 目镜，是由冉斯登目镜改进而成的。K 目镜把冉斯登目镜的接目镜片换成了双胶合镜片，可以达到普通消色差的目的，也是比较常见的天文望远镜目镜。

科尼希（Konig）目镜是一种比较少见的天文望远镜目镜，这种目镜的视场和出瞳距离都比经典的 K 目镜要大，但是边缘成像质量一般，多用于显微镜的 10 倍广角目镜中。在 Konig 目镜前面加一个巴洛镜，就是比较有名的 TMB 行星目镜的结构了。焦距小于 10mm 的目镜出瞳距离一般都很短，但如果用一个 20mm 焦距的 Konig 目镜加一个 2 倍巴洛镜，

普罗素（plossl）目镜

尼康体式显微镜目镜

就可以得到10mm的焦距，同时又拥有较大的视场和出瞳距离，这种内置巴洛镜的目镜设计多用于短焦距的行星目镜中。

普罗素目镜简称PL目镜，是一种对称式的四片式目镜。因为和相机镜头里经典的双高斯结构一样都是对称式的设计，PL目镜可以很好地消除各种像差和色差，是性价比很高的目镜。它的缺点是边缘成像质量一般，视场只有50度，焦距小于10mm的出瞳距离都很短。

Orthoscopic目镜简称Or目镜，是一种正交无畸变目镜，其特点是视场中心到边缘几乎没有畸变和色差，成像质量非常高；但Or目镜的缺点也很明显：视场小，一般只有40度，而且出瞳距离很短。戴眼镜的人甚至必须摘掉眼镜才能正常观测。

K目镜、PL目镜比较便宜，Or目镜价格稍贵，特殊用途的目镜价格一般就都很高了。对于资金有限的爱好者还有一个办法，那就是到二手市场寻找尼康体式显微镜的目镜，在接口处缠上几圈特氟龙胶带就可以安装到天文望远镜上使用了，几乎每个型号的目镜都有不输天文望远镜目镜的效果。

附录二

武汉周边观星地点推荐

通常情况下，在武汉市区能看到的星星是有限的，除了五大行星和一些高亮度的恒星，受光污染影响，其他天体很难观测到；即使勉强观测到了，也体会不到那种应有的美感和震撼。但是，只要离开中心城区两三个小时车程的距离，就有不少地方可以作为不错的观星地点。

□ 武汉市区南边的梁子湖区

梁子湖位于武汉市区南方，地跨武汉市江夏区和湖北省鄂州市，为湖北省第二大湖泊。梁子湖沿岸和湖中的梁子岛上有不少方便到达的景点和露营地，都是很好的观星地点。

□ 武汉市北边的木兰山、云雾山

木兰山、云雾山均位于武汉市黄陂区北部，距武汉主城区不过五六十公里，从武汉市区出发，驾车一个多小时就可到达。木兰山、云雾山地区距离武汉市区较近，会受到市区光污染的一定影响。但这两山最高峰海拔高度分别约有 580 米和 700 米左右，如在山顶宿营，会获得很好的观星体验。

梁子湖边拍摄的夏季银河

木兰山顶拍摄的星轨

观星胜地九宫山

如果想在武汉市周边寻找震撼的观星效果，那么位于湖北省咸宁市通山县的九宫山风景区可作为首选。九宫山风景区距武汉市区两百多公里，从武汉市区出发，驾车约三个半小时即可到达铜鼓包附近的观星露营基地，这里也是湖北省天文学会首个授牌的天文观测基地景区。九宫山铜鼓包海拔1583米，非常适合观星。这里的星空非常净透，群星有触手可及之感；同时，此处的低空雾霾影响非常小，可以观测到非常接近地平线的星星，本书中所列21颗亮星之一的水委一，在这里就可以看到。九宫山海拔较高，冬季寒冷，不适合露营观星。铜鼓包一带酒店、宾馆较多可以住宿，注意防寒保暖，仍是观测冬季星空的上佳选择。

九宫山铜鼓包拍摄的全景银河

大冶毛铺山

毛铺水库位于湖北省大冶市灵乡镇，距武汉市区约一百二十公里。水库岸边有座海拔三四百米的小山，山顶开辟有露营营地，是观星的好去处。

毛铺山顶清晨拍摄的金星与蛾眉月

黄冈大崎山森林公园

大崎山森林公园位于湖北省黄冈市团风县，距武汉市区一百多公里。大崎山森林公园基本不受武汉市区光污染的影响，景区周边也没有明显的光害。景区主峰大崎山海拔超过1000米，是武汉市东一处很好的观星地点。

大崎山山顶拍摄的星空

罗田薄刀峰、天堂寨

天堂寨和薄刀峰是位于湖北省黄冈市罗田县的两个著名风景区，这两个景区内的许多景点海拔都超过了 1500 米，天堂寨景区主峰天堂顶的海拔更是超过了 1700 米，高于九宫山。天堂寨景区海拔虽高，但山顶山势陡峭；薄刀峰锡锅顶附近虽有平地，但夜间可能有野兽出没，所以山顶都没有露营地，夜间住宿只能退到建于山腰的酒店。酒店附近夜间有轻微的光污染，观星效果不及九宫山。

薄刀峰锡锅顶拍摄的星轨

观星天堂英山桃花冲

桃花冲景区位于湖北省黄冈市英山县和安徽省岳西县、霍山县的交界地区，距武汉城区两百多公里。景区内建有“吴楚古长城”，城墙高处有许多烽火台，海拔高度多在 1200 米左右，四面无遮挡，视野开阔，空气透明度高，是非常好的观星地点。这里是观测流星雨的好地点，还可以看到暗淡的冬季银河与黄道光。

黄道光（照片左边从地平线冲向天际的模糊光柱，像歪斜的竹笋）和冬季银河（在黄道光上方交叉的光带）

附录三

天文摄影入门

□ 到此一游的星空照

天文摄影根据拍摄对象不同，大致可以分为星野摄影、行星摄影、深空摄影。当我们看到令人兴奋的璀璨星空时，总会想把它们拍下来作为留念，这种拍摄属于天文风景摄影的范畴，其实就是一种带地景的星野摄影。

在胶片相机的时代，想要拍出高质量的星野摄影照片还是有一定难度的。因为胶片的感光能力低，需要较长的曝光时间才能拍下星星清晰的影像，这就需要在拍照时利用赤道仪跟踪星星的移动。现在，数码相机所用的 CCD 或 CMOS，感光能力远强于胶片，只需较短时间曝光就可以拍出星空的影像。

尽管数码相机技术的进步降低了星野摄影的门槛，但当拍摄行星或深空天体时，对拍摄的器材和技术，要求还是较高的，需要专业的天文望远镜、赤道仪和天文相机。

1 九宫山山顶拍摄的星空风景照

2 云南梅里雪山下的星空风景照

星空摄影技巧

星空拍摄器材

星空拍摄的基本器材包括一部单反（或无反）相机，再加上一个稳定的三脚架就可以了。拍摄时把相机固定在三脚架上，调整云台，使相机镜头对准想要拍摄的天区进行曝光拍摄即可。拍摄使用的相机最好是全画幅的，配备一个大光圈的广角镜头，焦距大约在 14mm ~ 24mm 左右，光圈不小于 f2.8。

如果要拍摄人物和星空的“合影”，需要对人物进行适当补光。相机内置的闪光灯一般难以获得较好的效果，需要使用一个光线较为柔和的补光灯。用一个 LED 光源，罩上一

没有补光

背面补光

正面补光

个柔光罩即可。补光时间需要通过试拍来找到最佳值。如果最佳补光时间较长，在补光过程中还可以不断移动补光灯位置来取得更好的效果。如果是自己给自己拍摄还需要一根可以延时拍摄的快门线，一般的相机快门延时只有 10 秒钟左右，延时快门线可以延长拍摄的准备时间。这套器材除了可以拍摄星空风景和人像，还可以用来捕捉流星雨，运气好的话，还可以拍到自己与流星同框的照片。

星空拍摄参数

我们日常摄影所用的快门曝光时间一般是 1/125 秒左右；一般单反相机的常用曝光模式 (Auto、A、S、P 等挡位) 中，最长曝光时间是 30 秒钟，只有在 M 手动挡的 B 门模式下才能超过 30 秒。一般而言，想要拍星空，靠相机的“傻瓜式”自动模式是不行的。夜晚拍星的最佳方式是使用 M 挡手动模式。这时，快门线的作用除了延时外，主要是配合 B 门使用，减少相机的抖动。使用长时间快门曝光拍摄星空，要求拍摄开始后相机严格稳定。人的手指按下快门键时必然会给相机带来一段时间的抖动，而B门的操作是要求手指一直按住快门键，快门才会一直打开曝光。在这个过程中没有人能够纹丝不动而不晃动相机。现在大部分高级一点的快门线都有定时连续拍摄的编程功能，这使得用数码单反的B门拍摄时，操作变得轻松了很多。

数码相机感光元件的感光能力比胶片强很多，但是也有缺点，即难免有噪点而导致画面背景不够纯净。这就使得在不使用复杂的后期降噪程序处理情况下，选择合适的感光度（ISO）和曝光时间等曝光参数变得非常重要。一般情况下，数码单反相机拍摄星空的单张曝光参数范围是ISO1000～4000；曝光时间为20～60秒；镜头光圈f典型值是2.8（对于一些最小值到不了2.8的变焦镜头取其光圈f值数字的最小值）。实际拍摄时，最佳参数还需要根据拍摄地点的光害条件和气温来调整。光害小、气温低时，可适当延长曝光的时间。使用本身噪点控制能力强的数码单反时，ISO可以调高一些。拍摄单张星空照片，可接受的标准是照片画面不能太亮、发白，背景中的噪点要控制在可以接受的范围内，不能是花花绿绿的一片。

需要注意的是，在光害小的环境下，拍摄单张照片的曝光时间也不是越长越好。拍摄时间太长会出现所谓“星点拖线”问题，这是因为地球自转导致星星和相机发生相对移动产生的。除非是专门拍摄星轨照片，否则单张星空照片要力求避免出现星点拖线。有一个简单的方法可以用来估算最长拍摄时间，即“500”法则：用500除以镜头的毫米数值，得

失焦下的星点

到的结果以秒为单位，就是避免发生星点拖线的最长曝光时间。例如经常使用的14mm光圈2.8的超广角镜头，最长曝光时间为500/14=35.7秒，所以我们推荐的星空拍摄时间一般就是30秒钟。

除了曝光参数的设置和补光的问题外，还有一个重要的因素影响照片最终的质量，那就是对焦。日常拍摄中很多人已经习惯了依靠相机的自动对焦功能，但到了夜晚，你会发现自动对焦功能几乎完全失效。手动对焦需要开启相机的实时取景功能，并将镜头的对焦开关拨到手动挡，一边调整镜头上的对焦环，一边仔细观察相机屏幕上的星点或是人脸，直至清晰为止。正确对焦的情况下星星是一个实心的亮点，虚焦的时候星点会变成一个较大的光斑。

□ 胶片下的星轨

这里展示的两幅星轨照片都是用胶片单反相机拍摄的。胶片和胶片相机已经是20世纪的产物了，虽然早已停产但也还能够买到，只是底片的冲洗不太方便。用胶片单反相机拍摄星轨照片，要比使用数码单反相机简单得多。只要把镜头对准星空取好景，连接快门线（胶片单反的快门线都是机械顶针式的，所有的胶片单反相机基本通用），机身快门调整到B门，镜头光圈开到最大（光圈数字最小）、调焦环的位

1/2

1 胶片星轨，富士RDP3反转片，长时间曝光色彩偏红

2 胶片星轨　柯达Gold200负片

置拧到无限远，然后就可以按快门线了。曝光时定好闹钟，到时间关闭快门就可以了（有时候为了保险起见，在开和关快门前用镜头盖或手把镜头遮挡住，减少开关快门刹那引起的反光板震动）。

如果用数码单反相机按照这种方法拍摄，得到的照片只有白花花的一片。这是因为数码相机的感光元件（CMOS 或 CCD）不同于银盐材料制成的底片，它的曝光是线性的，与时间成正比，单张照片曝光时间太长就会过曝。要达到像胶片相机那样单张长时间曝光的效果，只能通过连续拍摄很多张短时间曝光的照片，然后把这些照片叠合起来。这种叠合操作可以通过专业的星轨叠加软件或 Photoshop 软件实现，只是需要多花一点后期处理时间罢了。

对星轨照片情有独钟但手头又没有数码相机的朋友，可以找一台全机械的胶片单反相机（现在二手的机械胶片单反相机价格已经很便宜了），通过简单的操作就能获得意想不到的效果。